住房和城乡建设领域专业人员岗位培训考核系列用书

质量员考试大纲·习题集
（装饰装修）

江苏省建设教育协会　组织编写

中国建筑工业出版社

图书在版编目（CIP）数据

质量员考试大纲·习题集（装饰装修）/江苏省建设
教育协会组织编写. —北京：中国建筑工业出版
社，2016.12
住房和城乡建设领域专业人员岗位培训考核系列
用书
ISBN 978-7-112-20052-8

Ⅰ. ①质… Ⅱ. ①江… Ⅲ. ①建筑工程-质量管
理-岗位培训-习题集②工程装修-质量管理-岗位培训-
习题集 Ⅳ. ①TU712.3-44

中国版本图书馆 CIP 数据核字（2016）第 260483 号

本书作为《住房和城乡建设领域专业人员岗位培训考核系列用书》中的一本，
依据《建筑与市政工程施工现场专业人员职业标准》JGJ/T 250—2011、《建筑与
市政工程施工现场专业人员考核评价大纲》及全国住房和城乡建设领域专业人员
岗位统一考核评价题库编写。全书包括装饰装修质量员专业基础知识和专业管理
实务的考试大纲以及相应的练习题并提供参考答案，最后还提供了一套模拟试卷。
本书可作为装饰装修质量员岗位考试的指导用书，也可供职业院校师生和相关专
业技术人员参考使用。

责任编辑：王砾瑶 刘 江 岳建光 范业庶
责任校对：王宇枢 李欣慰

住房和城乡建设领域专业人员岗位培训考核系列用书
质量员考试大纲·习题集（装饰装修）
江苏省建设教育协会 组织编写
*
中国建筑工业出版社出版、发行（北京西郊百万庄）
各地新华书店、建筑书店经销
霸州市顺浩图文科技发展有限公司制版
北京君升印刷有限公司印刷
*
开本：787×1092 毫米 1/16 印张：9½ 字数：227 千字
2016 年 12 月第一版 2016 年 12 月第一次印刷
定价：**28.00** 元
ISBN 978-7-112-20052-8
（28776）

住房和城乡建设领域专业人员岗位培训考核系列用书

编审委员会

主　任：宋如亚

副主任：章小刚　　戴登军　　陈　曦　　曹达双

　　　　漆贯学　　金少军　　高　枫

委　员：王宇旻　　成　宁　　金孝权　　张克纯

　　　　胡本国　　陈从建　　金广谦　　郭清平

　　　　刘清泉　　王建玉　　汪　莹　　马　记

　　　　魏德燕　　惠文荣　　李如斌　　杨建华

　　　　陈年和　　金　强　　王　飞

出版说明

为加强住房和城乡建设领域人才队伍建设，住房和城乡建设部组织编制并颁布实施了《建筑与市政工程施工现场专业人员职业标准》JGJ/T 250—2011（以下简称《职业标准》），随后组织编写了《建筑与市政工程施工现场专业人员考核评价大纲》（以下简称《考核评价大纲》），要求各地参照执行。为贯彻落实《职业标准》和《考核评价大纲》，受江苏省住房和城乡建设厅委托，江苏省建设教育协会组织了具有较高理论水平和丰富实践经验的专家和学者，编写了《住房和城乡建设领域专业人员岗位培训考核系列用书》（以下简称《考核系列用书》），并于2014年9月出版。《考核系列用书》以《职业标准》为指导，紧密结合一线专业人员岗位工作实际，出版后多次重印，受到业内专家和广大工程管理人员的好评，同时也收到了广大读者反馈的意见和建议。

根据住房和城乡建设部要求，2016年起将逐步启用全国住房和城乡建设领域专业人员岗位统一考核评价题库，为保证《考核系列用书》更加贴近部颁《职业标准》和《考核评价大纲》的要求，受江苏省住房和城乡建设厅委托，江苏省建设教育协会组织业内专家和培训老师，在第一版的基础上对《考核系列用书》进行了全面修订，编写了这套《住房和城乡建设领域专业人员岗位培训考核系列用书（第二版）》（以下简称《考核系列用书（第二版）》）。

《考核系列用书（第二版）》全面覆盖了施工员、质量员、资料员、机械员、材料员、劳务员、安全员、标准员等《职业标准》和《考核评价大纲》涉及的岗位（其中，施工员、质量员分为土建施工、装饰装修、设备安装和市政工程四个子专业）。每个岗位结合其职业特点以及培训考核的要求，包括《专业基础知识》、《专业管理实务》和《考试大纲·习题集》三个分册。

《考核系列用书（第二版）》汲取了第一版的优点，并综合考虑第一版使用中发现的问题及反馈的意见、建议，使其更适合培训教学和考生备考的需要。《考核系列用书（第二版）》系统性、针对性较强，通俗易懂，图文并茂，深入浅出，配以考试大纲和习题集，力求做到易学、易懂、易记、易操作。既是相关岗位培训考核的指导用书，又是一线专业岗位人员的实用工具书；既可供建设单位、施工单位及相关高职高专、中职中专学校教学培训使用，又可供相关专业人员自学参考使用。

《考核系列用书（第二版）》在编写过程中，虽然经多次推敲修改，但由于时间仓促，加之编著水平有限，如有疏漏之处，恳请广大读者批评指正（相关意见和建议请发送至JYXH05@163.com），以便我们认真加以修改，不断完善。

本书编写委员会

主　　编：刘清泉

副 主 编：高　枫　杲晓东

编写人员：张云晓　袁高松　包建军　顾正华

　　　　　刘　勤

主　　审：胡本国

前　言

根据住房和城乡建设部的要求，2016 年起将逐步启用全国住房和城乡建设领域专业人员岗位统一考核评价题库，为更好贯彻落实《建筑与市政工程施工现场专业人员职业标准》JGJ/T 250—2011，保证培训教材更加贴近部颁《建筑与市政工程施工现场专业人员考核评价大纲》的要求，受江苏省住房和城乡建设厅委托，江苏省建设教育协会组织业内专家和培训老师，在《住房和城乡建设领域专业人员岗位培训考核系列用书》第一版的基础上进行了全面修订，编写了这套《住房和城乡建设领域专业人员岗位培训考核系列用书（第二版）》（以下简称《考核系列用书（第二版）》），本书为其中的一本。

质量员（装饰装修）培训考核用书包括《质量员专业基础知识（装饰装修）》、《质量员专业管理实务（装饰装修）》、《质量员考试大纲·习题集（装饰装修）》三本，反映了国家现行规范、规程、标准，不仅涵盖了现场质量检查人员应掌握的通用知识、基础知识、岗位知识和专业技能，还涉及新技术、新设备、新工艺、新材料等方面的知识。

本书为《质量员考试大纲·习题集（装饰装修）》分册，全书包括装饰装修质量员专业基础知识和专业管理实务的考试大纲以及相应的练习题并提供参考答案，最后还提供了一套模拟试卷。本书可作为装饰装修质量员岗位考试的指导用书，也可供职业院校师生和相关专业技术人员参考使用。

本书既可作为装饰装修质量员岗位培训考核的指导用书，又可作为施工现场相关专业人员的实用工具书，也可供职业院校师生和相关专业人员参考使用。

目　　录

第一部分

专业基础知识

一、考 试 大 纲

第1章 力 学 知 识

1.1 平面力系

（1）力的基本性质
（2）力矩、力偶的性质
（3）平面力系的平衡方程及应用

1.2 静定结构的内力分析

（1）单跨及多跨静定梁的内力分析
（2）静定平面桁架的内力分析

1.3 杆件强度、刚度和稳定性的概念

（1）杆件变形的基本形式
（2）应力、应变的概念
（3）杆件强度的概念
（4）杆件刚度和压杆稳定性的概念

第2章 工 程 识 图

2.1 投影及图样

（1）投影
（2）平面、立面、剖面图
（3）轴测图、透视图

2.2 制图的基本知识

（1）图纸幅面、规格
（2）图纸编排顺序
（3）图线、字体、比例、标注、符号
（4）定位轴线
（5）常用图例画法

2.3　建筑施工图识图

（1）建筑工程图
（2）建筑施工图内容概要
（3）标准图
（4）建筑施工图的图示特点
（5）建筑施工图的识读目的
（6）建筑施工图的阅读方法
（7）建筑总平面图
（8）建筑平、立、剖面施工图的识读重点
（9）建筑详图

2.4　建筑装饰识图

（1）设计文件概述
（2）方案设计图
（3）施工图设计
（4）识读图纸的方法

2.5　建筑安装识图

（1）电气安装识图的基础知识
（2）建筑电气专业施工图识读
（3）给排水安装识图
（4）图纸识读

2.6　建筑幕墙识图

（1）幕墙的定义及分类
（2）幕墙的性能

第3章　建筑构造、结构与建筑防火

3.1　建筑结构的基本知识

（1）建筑的分类
（2）建筑物主要组成部分
（3）建筑结构的基本知识
（4）常见基础的一般结构知识
（5）钢筋混凝土受弯、受压、受扭构件的基本知识
（6）现浇钢筋混凝土楼盖的基本知识
（7）砌体结构的知识

（8）钢结构的基本知识

（9）幕墙的一般构造

3.2　民用建筑的装饰构造

（1）建筑的分类

（2）室内楼、地面的装饰构造

（3）室内墙、柱面的装饰构造

（4）室内顶面的装饰构造

（5）室内常用门窗的装饰构造

（6）建筑的外立面的装饰构造

3.3　建筑防火的基本知识

（1）建筑设计防火

（2）室内装修防火设计与施工

第4章　施工测量的基本知识

4.1　标高、直线、水平等的测量

（1）水准仪、经纬仪、全站仪、激光铅垂仪、测距仪的使用

（2）水准、距离、角度测量的要点

4.2　施工测量的基本知识

（1）建筑的定位与放线

（2）墙体、地面、顶棚等装饰施工测量

4.3　建筑变形观测的知识

（1）建筑变形的概念

（2）建筑沉降、倾斜、裂缝、水平位移的观测

4.4　幕墙工程的测量放线

（1）现场测量的基本工作程序

（2）幕墙放线要点

第5章　工程材料的基本知识

5.1　无机胶凝材料

（1）无机胶凝材料的分类及其特性

（2）通用水泥的品种、主要技术性质及应用

（3）装饰工程常用特性水泥的品种、特性及应用

5.2 砂浆

（1）砌筑砂浆的分类、材料组成及主要技术性质

（2）普通抹面砂浆、装饰砂浆的特性及应用

5.3 建筑装饰石材

（1）天然石材的分类

（2）天然饰面石材的品种、特性及应用

（3）人造装饰石材的品种、特性及应用

5.4 木质装饰材料

（1）木材的分类、特性及应用

（2）人造板材的品种、特性及应用

（3）木制品的品种、特性及应用

5.5 金属装饰材料

（1）建筑装饰钢材的主要品种、特性及应用

（2）铝合金装饰材料的主要品种、特性及应用

（3）不锈钢装饰材料的主要品种、特性及应用

5.6 建筑陶瓷与玻璃

（1）常用建筑陶瓷制品的主要品种、特性及应用

（2）普通平板玻璃的规格和技术要求

（3）安全玻璃、节能玻璃、装饰玻璃、玻璃砖的主要品种、特性及应用

5.7 建筑装饰涂料与塑料制品

（1）内墙涂料的主要品种、特性及应用

（2）外墙涂料的主要品种、特性及应用

（3）地面涂料的主要品种、特性及应用

（4）建筑装饰塑料制品的主要品种、特性及应用

5.8 装饰织物材料

（1）装饰织物的分类

（2）装饰织物的主要品种、特性及应用

5.9 建筑胶粘剂

（1）胶粘剂的分类

（2）胶粘剂的主要品种、特性及应用

5.10 建筑防水材料

（1）防水材料的分类
（2）防水材料主要品种、特性及应用

第6章 装饰工程施工工艺和方法

6.1 抹灰工程

（1）内墙抹灰施工工艺流程
（2）外墙抹灰施工工艺流程

6.2 门窗工程

（1）木门窗制作、安装施工工艺流程
（2）铝合金门窗制作、安装施工工艺流程
（3）塑钢彩板门窗制作、安装施工工艺流程
（4）自动门安装施工工艺流程
（5）防火卷帘安装施工工艺流程
（6）璃弹簧门安装施工工艺流程
（7）旋转门安装施工工艺流程

6.3 楼地面工程

（1）整体面层施工工艺流程
（2）板块面层施工工艺流程
（3）木、竹面层施工工艺流程
（4）地毯施工工艺流程
（5）橡胶地板施工工艺流程
（6）地面石材整体打磨和晶面处理施工

6.4 顶棚（天花）工程

（1）暗龙骨吊顶施工工艺流程
（2）明龙骨吊顶施工工艺流程
（3）面层施工工艺流程
（4）吊顶反支撑及钢架转换层施工工艺流程

6.5 饰面工程

（1）贴面类内墙、外墙装饰施工工艺流程
（2）涂饰类装饰施工工艺流程
（3）裱糊类装饰施工工艺流程

（4）定制 GRG 造型板装饰施工工艺流程

（5）墙柱面干挂罩面板装饰施工工艺流程

（6）墙柱面软（硬）包装饰施工工艺流程

6.6 细部工程

（1）防护栏杆（板）、扶手安装施工工艺流程

（2）成品卫生间隔断安装施工工艺流程

（3）门窗套、窗帘盒、窗台板等装饰施工工艺流程

（4）装饰线条施工工艺流程

（5）石膏装饰线条施工

6.7 幕墙工程

（1）幕墙工程的概述

（2）预埋件、连接件及龙骨的安装施工工艺流程

（3）玻璃的安装施工工艺流程

（4）石材、金属面板的安装施工工艺流程

（5）幕墙的"三性"检验

6.8 安装工程

（1）室内给、排水支管施工

（2）卫生器具安装

（3）照明器具和一般电器安装

（4）通风与空调工程的施工程序

（5）精装修工程与水电、通风、空调安装的配合问题

第7章 数据抽样、统计分析

7.1 数理统计的基本概念、抽样调查的方法

（1）数理统计的基本概念

（2）抽样的方法

7.2 数理统计的基本方法

（1）质量数据的收集方法

（2）质量数据统计分析的基本方法

第8章 施工项目管理的基本知识

8.1 施工项目管理的内容及组织

（1）施工项目管理的内容

（2）施工项目管理的组织机构

8.2　施工项目的目标控制

（1）施工项目目标控制的任务
（2）施工项目目标控制的措施

8.3　施工资源和现场管理

（1）施工资源管理的方法、任务和内容
（2）施工现场管理的任务和内容

第9章　国家工程建设相关法律法规

9.1　《中华人民共和国建筑法》

（1）从业资格的有关规定
（2）建筑安全生产管理的有关规定
（3）建筑工程质量管理的有关规定

9.2　《中华人民共和国安全生产法》

（1）生产经营单位安全生产保障的有关规定
（2）从业人员权利和义务的有关规定
（3）安全生产监督管理的有关规定
（4）安全事故应急救援与调查处理的规定

9.3　《建设工程安全生产管理条例》、《建设工程质量管理条例》

（1）施工单位安全责任的有关规定
（2）施工单位质量责任和义务的有关规定

9.4　《中华人民共和国劳动法》、《中华人民共和国劳动合同法》

（1）劳动合同和集体合同的有关规定
（2）劳动安全卫生的有关规定

二、习　题

第1章　力 学 知 识

一、单项选择题

1. 刚体受三力作用而处于平衡状态，则此三力的作用线（　　）。

A. 必汇交于一点　　　　　　　　　　B. 必互相平行

C. 必皆为零　　　　　　　　　　　　D. 必位于同一平面内

2. 只适用于刚体的静力学公理有（　　）。

A. 作用力与反作用力公理　　　　　　B. 二力平衡公理

C. 加减平衡力系公理　　　　　　　　D. 力的可传递性原理

3. 加减平衡力系公理适用于（　　）。

A. 变形体　　　　　　　　　　　　　B. 刚体

C. 任意物体　　　　　　　　　　　　D. 由刚体和变形体组成的系统

4. 约束对物体运动的限制作用是通过约束对物体的作用力实现的，通常将约束对物体的作用力称为（　　）。

A. 约束　　　　　B. 约束反力　　　　C. 荷载　　　　D. 被动力

5. 只限制物体任何方向移动，不限制物体转动的支座称为（　　）支座。

A. 固定铰　　　　B. 可动铰　　　　C. 固定端　　　　D. 光滑面

6. 光滑面对物体的约束反力，作用在接触点处，其方向沿接触面的公法线（　　）。

A. 指向受力物体，为压力

B. 指向受力物体，为支持力

C. 背离受力物体，为支持力

D. 背离受力物体，为压力

7. 由绳索、链条、胶带等柔体构成的约束称为（　　）约束。

A. 光滑面　　　　B. 柔体　　　　　C. 链杆　　　　D. 固定端

8. 固定端支座不仅可以限制物体的（　　），还能限制物体的（　　）。

A. 运动，移动　　　　　　　　　　　B. 移动，活动

C. 转动，活动　　　　　　　　　　　D. 移动，转动

9. 两个大小为3N、4N的力合成一个力时，此合力最大值为（　　）N。

A. 5　　　　　　B. 7　　　　　　　C. 12　　　　　　D. 1

10. 力矩的单位是（　　）。

A. kN·m　　　　　B. kN/m　　　　　C. kN　　　　　D. N

二、多项选择题

1. 两物体间的作用力和反作用力总是（　　　）。

A. 大小相等

B. 方向相反

C. 沿同一直线分别作用在两个物体上

D. 作用在同一物体上

E. 方向一致

2. 对力的基本概念表述正确的是（　　　）。

A. 力总是成对出现的，分为作用力和反作用力

B. 力是矢量，既有大小又有方向

C. 根据力的可传性原理，力的大小、方向不变，作用点发生改变，力对刚体的作用效应不变

D. 力的三要素中，力的任一要素发生改变时，都会对物体产生不同的效果

E. 在国际单位制中，力的单位为牛顿（N）或千牛顿（kN）

3. 下列各力为主动力的是（　　　）。

A. 重力　　　　　　B. 水压力　　　　　　C. 摩擦力

D. 静电力　　　　　E. 挤压力

4. 下列约束反力的特点正确的是（　　　）。

A. 约束反力是已知的

B. 约束反力是未知的

C. 约束反力的方向总是与约束所能限制的运动方向相反

D. 约束即为约束反力

E. 约束反力的作用点在物体与约束相接触的那一点

5. 下列约束类型正确的有（　　　）。

A. 柔体约束　　　　B. 圆柱铰链约束　　　　C. 可动铰支座

D. 可动端支座　　　E. 固定铰支座

6. 下列关于平面汇交力系的说法正确的是（　　　）。

A. 各力的作用线不汇交于一点的力系，称为平面一般力系

B. 力在 x 轴上投影绝对值为 $F_x = F\cos\alpha$

C. 力在 y 轴上投影绝对值为 $F_y = F\cos\alpha$

D. 合力在任意轴上的投影等于各分力在同一轴上的投影的代数和

E. 力的分解即为力的投影

7. 合力与分力之间的关系，正确的说法为（　　　）。

A. 合力一定比分力大

B. 两个分力夹角越小合力越大

C. 合力不一定比分力大

D. 两个分力夹角（锐角范围内）越大合力越小

E. 分力方向相同时合力最小

8. 作用在刚体上的三个相互平衡的力，若其中两个力的作用线相交于一点，则第三个力的作用线（   ）。

A. 一定不交于同一点

B. 不一定交于同一点

C. 必定交于同一点

D. 交于一点但不共面

E. 三个力的作用线共面

9. 下列说法正确的是（   ）。

A. 基本部分向它支持的附属部分传递力

B. 基本部分上的荷载通过支座直接传给地基

C. 附属部分上的荷载通过支座直接传给地基

D. 只有基本部分能产生内力和弹性变形

E. 附属部分和基本部分均能产生内力和弹性变形

10. 在工程结构中，杆件的基本受力形式有（   ）。

A. 轴向拉伸与压缩　　　　B. 弯曲　　　　　　　C. 翘曲

D. 剪切　　　　　　　　　E. 扭转

三、判断题

1. 力是物体之间相互的机械作用，这种作用的效果是使物体的运动状态发生改变，而无法使物体发生形变。（   ）

2. 若物体相对于地面保持静止或匀速直线运动状态，则物体处于平衡。（   ）

3. 物体受到的力一般可以分为两类：荷载和约束。（   ）

4. 约束反力的方向总是与约束的方向相反。（   ）

5. 墙对雨篷的约束为固定铰支座。（   ）

6. 链杆可以受到拉压、弯曲、扭转。（   ）

7. 梁通过混凝土垫块支在砖柱上，不计摩擦时可视为可动铰支座。（   ）

8. 轴线为直线的杆称为等值杆。（   ）

9. 限制变形的要求即为刚度要求。（   ）

10. 所受最大力大于临界压力，受压杆件保持稳定平衡状态。（   ）

第 2 章　工　程　识　图

一、单项选择题

1. 投影分为中心投影和（   ）。

A. 正投影　　　　B. 平行投影　　　　　　C. 透视投影　　　　D. 镜像投影

2. 立面图通常是用（   ）投影法绘制的。

A. 轴测　　　　B. 集中　　　　　　　C. 平行　　　　　　D. 透视

3. 透视投影图是根据（   ）绘制的。

A. 斜投影法　　　　B. 平行投影法　　　　　C. 中心投影法　　　　D. 正投影法

4. 轴测投影图是利用（　　）绘制的。

A. 斜投影法　　　　B. 中心正投影　　　　C. 平行投影法　　　　D. 正投影法

5. 建筑图样类别通常有：平面图、立面图、剖面图、（　　）和三维图形。

A. 节点详图　　　　B. 轴测图　　　　　C. 吊顶平面图　　　　D. 家具平面图

6. 工程上应用最广的图示方法为（　　）。

A. 轴测图　　　　B. 透视图　　　　　C. 示意图　　　　D. 正投影图

7. A1 图纸幅面是 A3 图纸幅面的（　　）。

A. 2 倍　　　　B. 4 倍　　　　　C. 6 倍　　　　D. 8 倍

8. 设计变更通知单以（　　）幅面为主。

A. A2　　　　B. A3　　　　　C. A4　　　　D. A5

9. 剖面图中，没有剖切到但是在投射方向看到的部分用（　　）线型表示。

A. 中粗　　　　B. 点划　　　　　C. 粗实　　　　D. 细实

10. 在一个工程设计中，每个专业所使用的图纸，不宜多于（　　）种幅面。

A. 一　　　　B. 二　　　　　C. 三　　　　D. 四

11. 关于图纸幅面尺寸，以下说法正确的是（　　）。

A. A2 图幅是 A4 图幅尺寸的一半

B. A2 比 A1 图幅尺寸大

C. A3 是 A4 图幅尺寸的二倍

D. A3 图幅尺寸的大小是 594mm×400mm

12. 各楼层室内装饰装修设计图纸应按（　　）的顺序排列。

A. 自下而上　　　　B. 自上而下　　　　C. 从前到后　　　　D. 从左到右

13. 在制图规范里，线型"_____"的用途为（　　）。

A. 不需要画全的断开界线　　　　　　B. 中心线、对称线、定位轴线

C. 表示被索引图样的范围　　　　　　D. 制图需要的引出线

14. 图纸标注中，拉丁字母、阿拉伯数字与罗马数字的字高应不小于（　　）mm。

A. 2　　　　B. 2.5　　　　　C. 3　　　　D. 4

15. 建筑室内装饰设计图纸中，详图所用比例一般取（　　）。

A. 1：1～1：10　　　　　　　　　B. 1：50～1：100

C. 1：100～1：200　　　　　　　　D. 1：200～1：500

16. 一个完整的尺寸所包含的四个基本要素是（　　）。

A. 尺寸界线、尺寸线、数字和箭头

B. 尺寸界线、尺寸线、尺寸起止符号和数字

C. 尺寸界线、尺寸线、尺寸数字和单位

D. 尺寸线、起止符号、箭头和尺寸数字

17. 图形上标注的尺寸数字表示（　　）。

A. 物体的实际尺寸　　　　　　　　　B. 画图的尺寸

C. 随比例变化的尺寸　　　　　　　　D. 图线的长度尺寸

18. 某一室内装饰设计图里的剖切符号，其剖切位置线在下方，表示（　　）。

A. 从上向下方向的剖切投影　　　　　B. 从下向上方向的剖切投影

C. 剖切位置线并不能表示向哪个方向投射　D. 从左向右方向的剖切投影

19. 横向定位轴线编号用阿拉伯数字，（　　）依次编号。

A. 从右向左　　　B. 从中间向两侧　　　C. 从左至右　　　　D. 从前向后

20. 在某室内装饰设计剖面图中，图例 表示（　　）。

A. 钢筋混凝土　　　B. 石膏板　　　　C. 混凝土　　　　D. 砂砾

二、多项选择题

1. 在建筑装饰工程图中，（　　）以米（m）为尺寸单位。

A. 平面图　　　　B. 剖面图　　　　　C. 总平面图

D. 标高　　　　　E. 详图

2. 吊顶（顶棚）平面图通常用（　　）投影法绘制。

A. 平行　　　　　B. 镜像　　　　　　C. 中心

D. 轴测　　　　　E. 正

3. 正投影通常直观性较差，作为补充还有一些三维图作为补充，以下属于三维图形的有（　　）。

A. 剖面图　　　　B. 轴测图　　　　　C. 正等测图

D. 节点详图　　　E. 透视图

4. 透视图的特点有（　　）。

A. 与人观看的视角类似

B. 直观性较差

C. 近大远小

D. 只能反映两个方向的尺寸关系

E. 远近并无大小区别

5. 建筑装饰设计图纸的编排顺序，宜按照以下顺序排列（　　）。

A. 吊顶平面图、平面布置图、立面图、详图

B. 平面图、立面（剖面）图、详图

C. 设计（施工）说明、总平面图（室内装饰装修设计分段示意）、吊顶（顶棚）总平面图

D. 墙体定位图、家具平面图、地面铺装图、吊顶平面图

E. 装饰图纸、各配套专业图纸

6. 建筑装饰设计图纸中的云线通常可表示（　　）。

A. 标注需要强调、变更或改动的区域

B. 圈出需要绘制详图的图样范围

C. 图形和图例的填充线

D. 构造层次的断开界线

E. 标注材料的范围

7. 计算机绘图中，图层的作用是（　　）。

A. 利用图层可以对数据信息进行分类管理、共享或交换

B. 方便控制实体数据的显示、编辑、检索或打印输出

C. 相关图形元素数据的一种组织结构

D. 可按设定的图纸幅面及比例打印

E. 某一专业的设计信息可分类存放到相应的图层中

8. 建筑室内装饰设计图中，立面图的常用制图比例为（　　　）。

A. 1：5　　　　　　B. 1：30　　　　　　C. 1：50

D. 1：100　　　　　E. 1：150

9. 关于尺寸起止符号，以下说法错误的是（　　　）。

A. 起止符号可用中粗斜短线绘制

B. 起止符号不可用黑色圆点绘制

C. 起止符号有时可以用三角箭头表示

D. 起止符号通常用细实线绘制

E. 起止符号不得与图样轮廓线接触

10. 关于尺寸标注，应该按以下原则进行排列布置（　　　）。

A. 尺寸宜标注在图样轮廓以外

B. 互相平行的尺寸线，较小尺寸应离图样轮廓线较远

C. 尺寸标注均应清晰，不宜与图线相交或重叠

D. 尺寸标注均应清晰，不宜与文字及符号等相交或重叠

E. 尺寸标注可以标注在图样轮廓内

11. 下列关于标高描述正确的是（　　　）。

A. 标高是用来标注建筑各部分竖向高程的一种符号

B. 标高分绝对标高和相对标高，通常以米（m）为单位

C. 建筑上一般把建筑室外地面的高程定为相对标高的基准点

D. 绝对标高以我国青岛附近黄海海平面的平均高度为基准点

E. 零点标高可标注为±0.000，正数标高数字一律不加正号

12. 索引符号根据用途的不同可分为（　　　）。

A. 立面索引符号　　B. 图例索引符号　　C. 详图索引符号

D. 设备索引符号　　E. 剖切索引符号

13. 关于建筑门扇图例的制图画法，下列说法正确的是（　　　）。

A. 门应进行编号，用D表示

B. 平面图中门的开启弧线宜绘出

C. 立面图中，开启线实线为外开

D. 立面图中，开启线虚线为内开

E. 立面图中，开启线实线为内开

14. 设计文件应该保证其设计质量及深度，满足（　　　）及施工安装等要求。

A. 深化设计　　　　B. 招投标　　　　　C. 初步设计

D. 概预算　　　　　E. 材料采购制作

15. 建筑室内装饰方案设计平面图中，应标明（　　　）。

A. 所有房间的名称和各空间的细部尺寸

B. 楼梯的上下方向

C. 室内外地面设计标高和各楼层、平台等处的地面设计标高

D. 轴线编号，并应与原建筑图纸一致

E. 图纸名称和制图比例

16. 建筑装饰设计施工平面图主要表达以下几个方面的内容（　　）。

A. 设施与家具安放位置及尺寸关系

B. 装饰布局及结构与尺寸关系

C. 不同地面材料的范围界线及定位尺寸、分格尺寸

D. 建筑结构及尺寸

E. 墙体构造与定位尺寸

17. 节点图应标明物体、构件或细部构造处的形状、构造、支撑或连接关系，并应（　　）。

A. 标注该节点附近相关装饰材料的名称

B. 根据需要标注施工做法

C. 定位尺寸及标高

D. 细部尺寸关系

E. 根据需要标注具体技术要求

18. 以下哪三个选项所列的文件，通常集中了该套设计图纸文件最大的信息内容（　　）。

A. 平面布置图　　　　B. 吊顶平面图　　　C. 立面图

D. 设计总说明　　　　E. 节点详图

19. 变更设计图，通常包括（　　）几方面内容。

A. 变更立面图　　　　B. 变更位置　　　　C. 变更原因

D. 施工单位变更理由　E. 变更内容

20. 装饰施工单位的现场深化设计师，通常需绘制（　　）来协调装饰专业与相关机电安装专业的设备末端点位的排布问题。

A. 综合立面布置图

B. 设备管线综合图

C. 剖面构造图

D. 综合平面布置图

E. 综合吊顶布置图

三、判断题

1.《房屋建筑室内装修设计制图标准》仅适用于计算机绘图，不适用于手工绘图方式。　　　　　　　　　　　　　　　　　　　　　　　　　　　　（　　）

2. 所有投影线相互平行并垂直投影面的投影法称为正投影法。　　　（　　）

3. 我们通常所说的平面图也就是水平剖面图。　　　　　　　　　　（　　）

4. 在工程图中，图中可见轮廓线的线型为细实线。　　　　　　　　（　　）

5. 图纸签字栏的签字可以在绘图软件里复制，不需要在打印出来的图纸上手写签名。

　　　　　　　　　　　　　　　　　　　　　　　　　　　　　　（　　）

6. 在图纸绘制时还应注意图线不得与文字、数字或符号重叠、混淆，不可避免时，应首先保证文字的清晰。　　　　　　　　　　　　　　　　　　　　　　（　　）

7. 剖面图剖切符号的编号数字可以写在剖切位置线的任意一边。　　　　（　　）

8. 图线可用作尺寸线，但不可以作为尺寸界线。　　　　　　　　　　　（　　）

9. 标高是以某一水平面为基准面（零点或水准原点），算至其他基准面（楼地面、吊顶或墙面某一特征点）的垂直高度。　　　　　　　　　　　　　　　　　（　　）

10. 建筑室内装饰装修设计的标高应标注该设计空间的相对标高，通常以本层的楼地面装饰完成面为±0.000。　　　　　　　　　　　　　　　　　　　　（　　）

11. 总平面图中所注的标高均为绝对标高，以 m 为单位。　　　　　　　（　　）

12. 立面索引符号表示室内立面在平面上的位置及立面图所在页码，应在平面图上使用立面索引符号。　　　　　　　　　　　　　　　　　　　　　　　　（　　）

13. 定位轴线表示方法定位轴线用细单点长划线绘制，定位轴线应编号。　（　　）

14. 竖向定位轴线编号用阿拉伯数字，从下至上顺序编写。　　　　　　　（　　）

15. 现场深化设计时，如图纸没有表示定位轴线，一般要把建筑平面的轴线绘制出，并重新进行编号。　　　　　　　　　　　　　　　　　　　　　　　（　　）

16. 平面图中表示楼梯时，如设置靠墙扶手或中间扶手时，可不用在图中进行表示。

　　　　　　　　　　　　　　　　　　　　　　　　　　　　　　　（　　）

17. 工程设计分为三个阶段：方案设计阶段、技术设计阶段和施工图设计阶段，对于较小的建筑工程，方案设计后，可直接进入施工图设计阶段。　　　　　　　（　　）

18. 建筑装饰设计施工图的编排顺序为：封面、图纸目录、设计说明、图纸（平、立、剖面图及大样图、详图）。　　　　　　　　　　　　　　　　　　　（　　）

19. 吊顶装饰平面施工图中，可用虚线表示活动家具所在的平面位置。　（　　）

20. 立面装饰施工图中，没必要对立面的开关插座及其他设备设施进行标注或定位。

　　　　　　　　　　　　　　　　　　　　　　　　　　　　　　　（　　）

第3章　建筑构造、结构与建筑防火

一、单项选择题

1. 荷载按结构的反应分为：静态荷载，如结构自重、屋面和楼面的活荷载、雪荷载等；（　　），如地震作用、高空坠物冲击力等。

A. 可变荷载　　　　B. 动态荷载　　　　C. 垂直荷载　　　　D. 风荷载

2. 根据《建筑结构荷载规范》GB 50009—2012 的规定，民用建筑楼面均布活荷载的标准值最低为（　　）。

A. 1.5kN/m²　　　B. 2.0kN/m²　　　C. 2.5kN/m²　　　D. 3.0kN/m²

3. 装修时（　　）自行改变原来的建筑使用功能。

A. 可以　　　　B. 不能　　　　C. 应该　　　　D. 应业主要求可以

4. 在装修施工中，不允许在原有承重结构构件上开洞凿孔，降低结构构件的承载能力。如果实在需要，应经过（　　）的书面确认方可施工。

A. 建设单位　　　　B. 监理单位　　　　　　C. 原设计单位　　　　D. 物业管理单位

5. 装修时，不得自行拆除任何（　　）。在装修施工中，不允许在原有承重结构构件上开洞凿孔，降低结构构件的承载能力。

A. 承重构件　　　　B. 建筑构件　　　　　　C. 附属设施　　　　　D. 二次结构

6. 装修施工时，（　　）在建筑内楼面上集中堆放大量建筑材料，如水泥、砂石、钢材等。

A. 需要　　　　　　B. 可以　　　　　　　　C. 允许　　　　　　　D. 不允许

7. 在装修施工时，应注意建筑（　　）的维护，（　　）间的模板和杂物应该清除干净，（　　）的构造必须满足结构单元的自由变形，以防结构破坏。

A. 沉降缝　　　　　B. 伸缩缝　　　　　　　C. 防震缝　　　　　　D. 变形缝

8. 常用建筑结构按照建筑结构的体型划分为：单层结构、多层结构、高层结构、（　　）等。

A. 筒体结构　　　　B. 桁架结构　　　　　　C. 网架结构　　　　　D. 大跨度结构

9. 框架-剪力墙结构，是指在框架结构内设置适当抵抗水平剪切力墙体的结构，一般用于（　　）层的建筑。

A. 10～20　　　　　B. 10～30　　　　　　　C. 15～30　　　　　　D. 20～50

10. 筒体结构是抵抗水平荷载最有效的结构体系，通常用于超高层建筑（　　）中。筒体结构可分为框架-核心筒结构、筒中筒结构和多筒结构。

A. 10～30 层　　　　B. 20～40 层　　　　　C. 30～50 层　　　　　D. 35～60 层

11. 网架是由许多杆件按照一定规律组成的网状结构。可分为（　　）网架和曲面网架。

A. 球面　　　　　　B. 钢管　　　　　　　　C. 平板　　　　　　　D. 拱形

12. 钢结构建筑的最大优点是（　　），钢结构建筑的自重只相当于同样钢筋混凝土建筑自重的三分之一。

A. 耐腐蚀　　　　　B. 耐火　　　　　　　　C. 自重轻　　　　　　D. 抗震性好

13.《钢结构设计规范》GB 50017—2003 提出了对承重结构钢材的质量要求，包括 5 个力学性能指标和碳、硫、磷的含量要求。5 个力学性能指标是指抗拉强度、（　　）伸长率、冷弯试验（性能）和冲击韧性。

A. 抗压强度　　　　B. 屈服强度　　　　　　C. 抗折强度　　　　　D. 抗弯强度

14. 承重结构用钢材主要包括碳素结构钢中的低碳钢和（　　）两类，包括 Q235、Q345、Q390、Q420 四种。

A. 高碳钢　　　　　　　　　　　　　　　　B. 高锰钢

C. 碳锰合金钢　　　　　　　　　　　　　　D. 低合金高强度结构钢

15. 钢结构的连接方式最常用的有两种：焊缝连接和（　　）。

A. 电弧焊连接　　　B. 氩弧焊连接　　　　　C. 铆钉连接　　　　　D. 螺栓连接

16. 建筑装饰构造是实现（　　）目标、满足建筑物使用功能、美观要求及保护主体结构在各种环境因素下的稳定性和耐久性的重要保证。

A. 建筑设计　　　　　　　　　　　　　　　B. 结构设计

C. 机电设计　　　　　　　　　　　　　　　D. 装饰设计

17. 民用建筑（非高层建筑）的耐火等级分为一、二、三、四级，分别以（　　）及围护构件的燃烧性能、耐火极限来划分的。

  A. 建筑结构类型   B. 建筑用途

  C. 主要承重构件   D. 建筑区域

  18. 防火分区是指在建筑内部采用（ ）、耐火楼板及其他防火分隔设施（防火门或窗、防火卷帘、防火水幕等）分隔而成，能在一定时间内防止火灾向同一建筑的其余部分蔓延的局部空间。

  A. 防火卷帘 B. 挡烟垂壁   C. 防火隔离带   D. 防火墙

  19. 高层建筑内应采用防火墙等划分防火分区，二类建筑的每个防火分区允许最大建筑面积为：（ ）m² 。

  A. 500   B. 1000   C. 1500   D. 2000

  20. 安装在金属龙骨上燃烧性能达到 B₁ 级的纸面石膏板、矿棉石膏板，可作（ ）级装修材料使用。

  A. B_2 B. B_3 C. A   D. A_1

  21. 建筑物包括建筑物和（ ）。

  A. 构筑物   B. 厂房   C. 仓库   D. 交通设施

  22. 建筑物根据其使用性质，通常分为生产性建筑和（ ）建筑两大类。

  A. 生活服务性 B. 商业性   C. 非生产性   D. 综合性

  23. 《民用建筑设计通则》GB 50352—2005 规定，大于（ ）m 者为高层建筑。

  A. 18   B. 24   C. 28   D. 32

  24. 普通建筑和构筑物的设计使用年限是（ ）。

  A. 40 年   B. 50 年   C. 60 年   D. 100 年

  25. 不论是工业建筑还是民用建筑，通常由基础、（ ）、门窗、楼地面、楼梯、屋顶共 6 个主要部分组成。

  A. 墙体结构 B. 钢筋混凝土结构 C. 框架结构   D. 主体结构

  26. 基础是房屋框架结构（ ）的承重构件。

  A. 基本   B. 传递   C. 下部   D. 最下部

  27. 墙（或柱）是把屋盖、楼层的（ ）、外部荷载，以及把自重传递到基础上。

  A. 活荷载   B. 定荷载   C. 风荷载   D. 雪荷载

  28. 屋顶是位于建筑物最顶上的（ ）、围护构件。

  A. 防护   B. 承重   C. 防雨雪   D. 防水

  29. 门窗：门起（ ）房间作用，窗的主要作用是采光和通风。

  A. 开关   B. 隔断   C. 保温   D. 联系

  30. 建筑结构是指形成一定空间及造型，并具有抵御人为和自然界施加于建筑物的各种作用力，使建筑物得以安全使用的（ ）。

  A. 框架   B. 结构   C. 架构   D. 骨架

  31. 建筑结构的安全性、适应性和耐久性，总称为结构的（ ）。

  A. 抗震性   B. 坚固性   C. 可靠性   D. 稳定性

  32. 结构的极限状态分为：（ ）极限状态和正常使用极限状态。

  A. 非正常使用 B. 超设计使用 C. 承载力   D. 地震作用

33. 建筑结构超过承载力极限状态，结构构件即会（　　），或出现失衡等情形。结构设计必须对所有结构和构件进行承载力极限状态计算，施工时应严格保证施工质量，以满足结构的安全性。

A. 变形　　　　　　B. 破坏　　　　　　C. 断裂　　　　　　D. 坍塌

34. 结构中的构件往往是几种受力形式的组合，如梁承受弯曲与（　　），柱子受到压力与弯矩等。

A. 剪力　　　　　　B. 剪切　　　　　　C 压力　　　　　　D. 拉力

35. 房屋结构的抗震设计主要研究（　　）的抗震构造，以满足建筑物的抗震要求。

A. 民用建筑　　　　B. 工业建筑　　　　C 建筑物　　　　　D. 构筑物

36. 抗震设计的设防烈度为（　　）度。

A. 4、5、6、7、8　　　　　　　　　　B. 6、7、8、9

C. 7、8、9、10　　　　　　　　　　　D. 6、7、8、10

37. 南京的抗震设防烈度为（　　）度、苏州大部分地区为 6 度、宿迁为 8 度、上海大部分地区为 7 度、北京大部分地区为 8 度。

A. 6　　　　　　　　B. 7　　　　　　　　C. 8　　　　　　　　D. 9

38. 直接施加在结构上的各种力，习惯上称为（　　）。

A. 压力　　　　　　B. 剪力　　　　　　C. 动荷载　　　　　D. 荷载

39. 按荷载的作用方向还可分为（　　）和水平荷载。

A. 垂直荷载　　　　B. 均布面荷载　　　C. 线荷载　　　　　D. 集中荷载

40. 荷载按时间的变异性分为：永久荷载和（　　）。

A. 恒载　　　　　　B. 动载　　　　　　C. 可变荷载　　　　D. 雪载

二、多项选择题

1. 公共建筑按其功能特征可分为：（　　）。

A. 生活服务性建筑　　B. 菜场建筑　　　　C. 科研建筑

D. 非生产性建筑　　　E. 宗教建筑

2. 工业与民用建筑，通常由基础、（　　）、楼梯（或电梯）、屋顶等六个主要部分组成。

A. 墙体结构　　　　B. 主体结构　　　　C. 门窗

D. 楼地面　　　　　E. 框架结构

3. 建筑幕墙是指由（　　）与（　　）组成的悬挂在建筑（　　）、不承担主体结构荷载与作用的建筑外围护、（　　）结构。

A. 铝框　　　　　　B. 主体结构上　　　C. 装饰

D. 金属构件　　　　E. 各种板材

4. 建筑物还有一些附属的构件和配件，如（　　）等。

A. 阳台　　　　　　B. 雨篷　　　　　　C. 台阶

D. 散水　　　　　　E. 地基

5. 结构在规定的时间内（即设计年限），在规定的条件下（正常设计、正常施工、正常使用及正常维修）必须保证完成预定的功能，这些功能包括：（　　）。

A. 装饰性　　　　　B. 安全性　　　　　　C. 适用性

D. 耐久性　　　　　E. 抗震性

6. 结构杆件的基本受力形式可以分为：（　　）。

A. 拉伸　　　　　　B. 压缩　　　　　　　C. 弯曲

D. 剪切　　　　　　E. 收缩

7. 按《建筑抗震设计规范》GB 50011—2011，抗震设防要做到（　　）。

A. 小震不坏　　　　B. 中震不坏　　　　　C. 中震可修

D. 大震不倒　　　　E. 大震可修

8. 荷载按作用面可分为：（　　）。

A. 垂直荷载　　　　B. 水平荷载　　　　　C. 均布面荷载

D. 线荷载　　　　　E. 集中荷载

9. 荷载按结构的反应分为（　　）等。

A. 静态荷载　　　　B. 垂直荷载　　　　　C. 活荷载

D. 动态荷载　　　　E. 水平荷载

10. 常用建筑结构按主要材料的不同可分为：混凝土结构、（　　）等。

A. 砌体结构　　　　B. 钢结构　　　　　　C. 木结构

D. 塑料结构　　　　E. 轻质结构

三、判断题

1. 生产性建筑包括工业建筑（厂房、锅炉房、仓库等）、农业建筑（温室、粮仓等）、非生产性建筑统称为民用建筑。　　　　　　　　　　　　　　　　　　（　　）

2.《民用建筑设计通则》GB 50352—2005 规定，除住宅建筑之外的民用建筑高度不大于 12m 者为单层和多层建筑，大于 24m 为高层建筑（不包括建筑高度大于 24m 的单层公共建筑）。建筑高度大于 50m 的民用建筑为超高层建筑。　　　　　（　　）

3. 普通建筑和构筑物的设计使用年限为 60 年。　　　　　　　　　　　　（　　）

4. 房屋建筑按结构构造建成后，在外界荷载作用下，由屋顶、楼层，通过板、梁、柱和墙传到基础，再传给地基。　　　　　　　　　　　　　　　　　　　（　　）

5. 建筑物的耐久性：建筑结构在正常使用过程中，应保持良好的工作性能。（　　）

6. 按《建筑抗震设计规范》GB 50011—2011 规定，抗震设防要做到"小震不坏、中震可修、大震不倒"。　　　　　　　　　　　　　　　　　　　　　　　（　　）

7. 装修时不能自行改变原来的建筑使用功能。如需要改变时，应该取得现场深化设计人员的认可。　　　　　　　　　　　　　　　　　　　　　　　　　　（　　）

8. 装修施工时，不允许在建筑内楼面上集中堆放大量建筑材料，如水泥、砂石、钢材等，以免引起结构的破坏。　　　　　　　　　　　　　　　　　　　　　（　　）

9. 装修时，不得自行拆除任何承重构件，可拆除二次结构体系；不能自行做夹层或增加楼层。　　　　　　　　　　　　　　　　　　　　　　　　　　　　　（　　）

10. 在装修施工时，应注意建筑变形缝的维护，变形缝间的模板和杂物应该清除干净，变形缝的构造必须满足结构单元的自由变形，以防结构破坏。　　　　　　（　　）

11. 钢筋混凝土结构，其优点是合理发挥了钢筋和混凝土两种材料的力学特性，承载

力较高。主要缺点是：自重较大、抗裂性能差、施工复杂、工期较长。　　　（　　）

12. 钢结构有如下的特点：强度高重量轻；质地均匀、各向同性；施工质量好、工期短；密闭性好；用螺栓连接的钢结构，易拆卸，适用于移动结构。　　（　　）

13.《钢结构工程施工质量验收规范》GB/T 50205—2001 的规定，对焊缝质量应进行检查和验收。焊接人员必须持有电工证方可进行焊接作业。　　（　　）

14. 在选择或设计何种装饰构造时，如立面装饰需要考虑美观及装饰效果，需弥补墙体本身某些方面的不足，不必考虑环境的温度和湿度对装饰设计构造的影响。　（　　）

15. 装饰构造应考虑在不同环境、条件下，应选用合理可靠的构造做法。装饰的环保性能与安全性能往往是息息相关的，也可以把环保问题说成是一种隐形的安全问题。

（　　）

16. 吊顶构造为悬吊结构，内部隐藏大量管道设备或安装有各种设备末端，其构造通常需要满足吊杆的牢固、饰面板的安全牢固、防坠落、隔声、吸声、排布各种管线和设备末端、检修的要求。　　（　　）

17. 建筑防火及消防安全工作方针是："预防为主、防消结合"。　　（　　）

18. 民用建筑（非高层建筑）的耐火等级分为 A、B_1、B_2、B_3 四级，分别以主要承重构件及围护构件的燃烧性能、耐火极限来划分的。　　（　　）

19. 防烟分区通常用挡烟垂壁来作为分隔构件，挡烟垂壁是指用不燃材料制成，从顶棚下垂不小于 800mm 的固定或活动的挡烟设施。　　（　　）

20. 装修材料的燃烧性能等级，应按《建筑材料及制品燃烧性能分级》GB 50222—1995 的规定，由专业检测机构检测确定。B_2 级装修材料可不进行检测。　　（　　）

21. 防火门的表面加装贴面材料或其他装修时，不得减小门框和门的规格尺寸，不得降低防火门的耐火性能，所用贴面材料的燃烧性能等级不应低于 B_2 级。　　（　　）

四、案例题

某项目施工需进行木门的安装施工。其中，普通木门 200 樘，甲级防火门 20 樘、乙级防火门 100 樘，丙级防火门 80 樘。监理单位按规范要求对该批门进行了检验批划分。

根据背景资料，回答下列 1～6 问题。

1. 木制有框防火门安装时，防火门应比安装洞口尺寸小 20mm 左右。（　　）（判断题）

2. 门窗工程预埋件、锚固件应进行隐蔽工程验收后方可进行下一步工序。（　　）（判断题）

3. 甲级防火门的耐火极限为（　　）h。（单项选择题）

A. 1.5　　　　　B. 1.2　　　　　C. 0.9　　　　　D. 0.6

4. 该项目防火门应划分为（　　）个检验批。（单项选择题）

A. 1　　　　　B. 3　　　　　C. 5　　　　　D. 10

5. 防火门所使用的难燃木材的含水率不应大于（　　）%。（单项选择题）

A. 8　　　　　B. 10　　　　　C. 12　　　　　D. 15

6. 木门窗的"三防处理"包括（　　）。（多项选择题）

A. 防火　　　　B. 防开裂　　　　C. 防潮

D. 防腐　　　　E. 防虫

第4章 施工测量的基本知识

一、单项选择题

1. 施工测量放线准备工作范围不包括（　　）。
A. 图纸准备　　　　B. 工具准备　　　　C. 人员准备　　　　D. 材料准备

2. 图纸深化时，绘制综合天花布置图不包含（　　）专业。
A. 通风空调　　　　B. 弱电　　　　　　C. 电梯　　　　　　D. 消防

3. 施工放线时，测量放线人员不包括（　　）。
A. 施工员　　　　　B. 班组长　　　　　C. 放线技工　　　　D. 监理

4. 装饰放线前期，不参与移交基准点（线）单位有（　　）。
A. 业主　　　　　　B. 监理　　　　　　C. 施工方　　　　　D. 质监部

5. 装饰放线时，基准点（线）不包括（　　）。
A. 主控线　　　　　B. 轴线　　　　　　C. ±0.000 线　　　D. 吊顶标高线

6. 激光投线仪的用途不包括（　　）。
A. 投线　　　　　　B. 平整度检测　　　C. 垂直度检测　　　D. 对角线检测

7. 装饰放线时，通常使用水准仪型号有（　　）。
A. DS05　　　　　　B. DS1　　　　　　C. DS3　　　　　　D. DS10

8. 装饰放线时，由于实际空间限制，在设定标吊顶高时，需满足（　　）。
A. 装饰效果　　　　B. 图纸条件　　　　C. 使用功能　　　　D. 施工方便

9. 在装饰放线时，组织放线验线主要负责人是（　　）。
A. 项目经理　　　　B. 施工员　　　　　C. 辅助放线员　　　D. 监理

10. 在楼梯区域放线时，同心圆旋转楼梯踏步之间误差需控制在（　　）mm。
A. 1　　　　　　　　B. 2　　　　　　　　C. 3　　　　　　　　D. 4

11. 装饰放线时，我们通常使用规格为（　　）m 卷尺。
A. 2　　　　　　　　B. 3　　　　　　　　C. 15　　　　　　　D. 7.5

12. 装饰放线中，通常的完成面线不包括（　　）。
A. 地面完成面　　　B. 墙面完成面　　　C. 顶面完成面　　　D. 1m 线

13. 装饰放线时，基准点线移交不包括（　　）。
A. 主控线　　　　　B. 轴线　　　　　　C. ±0.000 线　　　D. 地面完成面线

14. 装饰放线中，以下哪些属于墙面基层完成面线（　　）。
A. 吊顶标高线　　　B. 石材钢架线　　　C. 排版分割线　　　D. 细部结构线

15. 通常放线时，以下属于放线准备工作之一的是（　　）。
A. 安全防护　　　　B. 资金准备　　　　C. 设备准备　　　　D. 材料准备

16. 在装饰施工中，遇到机场、高铁站等大空间放线时常使用的测量仪器为（　　）。
A. 全站仪　　　　　B. 投线仪　　　　　C. 经纬仪　　　　　D. 水准仪

17. 在装饰放线前期，下面哪些基准点（线）不需要书面移交（　　）。
A. 主控线　　　　　B. 中轴线　　　　　C. 基准点　　　　　D. 吊顶标高线

18. 在装饰施工中，以下不属于影响顶面标高的因素是（   ）。

A. 实际空间高度 　　　　　　　　　B. 设备安装高度

C. 吊顶面层材料品牌 　　　　　　　D. 设计图纸文件

19. 装饰施工中，影响地面完成面标高的因素不包含（   ）。

A. 地面材料品种规格 　　　　　　　B. 地下管线规格

C. 地下管线材料品牌 　　　　　　　D. 地下设备结构功能

20. 在装饰施工中，绘制综合点位深化布置图由（   ）完成。

A. 深化设计师 　　B. 方案设计师 　　C. 项目经理 　　D. 家具深化设计师

21. 装饰放线过程中，理论尺寸和实际尺寸误差消化的位置选择在（   ）。

A. 电梯井 　　　　B. 卫生间 　　　　C. 消防走廊 　　　D. 普通房间

22. 在施工测量放线时，经纬仪在投点放线测量时，仪器的检验校对时间是（   ）。

A. 每次测量前 　　B. 1 个月 　　　C. 3 个月 　　　　D. 6 个月

23. 在装饰放线时，使用 DS3 型号经纬仪，测量过程中每千米往返精度误差为（   ）mm。

A. 1 　　　　　　　B. 3 　　　　　　C. 5 　　　　　　D. 0.5

24. 水准仪的精确测量功能包括（   ）。

A. 待定点的高程 　　　　　　　　　B. 测量两点间的高差

C. 垂直度高程 　　　　　　　　　　D. 两点间的水平距离

25. 经纬仪的精确测量功能包括（   ）。

A. 任意夹角测量 　　　　　　　　　B. 待定点高差测量

C. 竖直角测量 　　　　　　　　　　D. 水平夹角测量

26. 在建筑装饰施工工程中，常用的经纬仪有（   ）。

A. DJ2 　　　　　　B. DJ07 　　　　C. DJ1 　　　　　D. DJ5

27. 在放线时，产品化中的模数化是以（   ）为依据。

A. 放线的尺寸 　　B. 被选材料的规格 　　C. 图纸设计方案 　　D. 施工的方便性

28. 在测量放线前，根据设计图纸，主要由（   ）负责建筑空间数据采集。

A. 项目经理 　　　B. 施工员 　　　C. 深化设计 　　　D. 辅助放线员

29. 在建筑装饰施工中，相对标高是以建筑物的首层室内主要区域空间的（   ）为零点，用±0.000 表示。

A. 地下室地面 　　B. 电梯厅基础地面 　　C. 基础地面 　　D. 预设完成地面

30. 在放线过程中，把 1M 水准线通过水准仪引向各个面，主要传递 1M 线的（   ）。

A. 方向 　　　　　B. 高程 　　　　C. 距离 　　　　　D. 角度

31. 一把标注为 30m 的钢卷尺，实际是 30.005m，每量一整尺会有 5mm 误差，此误差称为（   ）。

A. 系统误差 　　　B. 偶然误差 　　　C. 中误差 　　　C. 相对误差

32. 当民用建筑物宽度大于 15m 时，还应该在房屋内部（   ）和楼梯间布置观测点。

A. 横轴线上 　　　B. 纵轴线上 　　　C. 横墙上 　　　　D. 纵墙上

33. 在建筑施工中，水准点埋设深度至少要在冻土线以下（   ）确保稳定性。

A. 0.2m   B. 0.3m   C. 0.5m   D. 0.6m

34. 经纬仪望远镜视准轴检验校正的目的是（　　　）。

A. 使视准轴平行水平轴   B. 使视准轴垂直于水平轴

C. 使视准轴垂直于水准管轴   D. 使视准轴平行于竖轴

35. 在实际操作过程中，中误差一般不应大于（　　　）。

A. 2mm   B. 3mm   C. 4mm   D. 5mm

36. 测量工作的主要任务是：（　　　）、角度测量和距离测量，这三项也称为测量的三项基本工作。

A. 地形测量   B. 工程测量   C. 控制测量   D. 高程测量

37. 在大自然生活中，水准面有无数个，通过平均海水面的那一个称为（　　　）。

A. 大地水准面   B. 水准面   C. 海平面   D. 水平面

38. 在各种工程测量中，测量误差按其性质可分为（　　　）和系统误差。

A. 偶然误差   B. 中误差   C. 粗差   D. 平均误差

39. 在施工测量过程中，以下不能作为评定测量精度的选项是（　　　）。

A. 相对误差   B. 最或是误差   C. 允许误差   D. 中误差

40. 幕墙放线控制点原理中，常使用水平仪和长度尺确定（　　　）。

A. 等高线   B. 垂直线   C. 空间交叉点   D. 顶面控制线

41. 幕墙放线控制点原理中，常使用激光经纬仪、铅垂仪确定（　　　）。

A. 等高线   B. 垂直线   C. 空间交叉点   D. 顶面控制线

42. 幕墙放线控制点原理中，常使用激光经纬仪校核（　　　）。

A. 等高线   B. 垂直线   C. 空间交叉点   D. 进出位线

43. 测量放线时在风力不大于（　　　）的情况下进行。

A. 5 级   B. 2 级   C. 4 级   D. 3 级

44. 现场测量的基本工作程序（　　　）。

A. 熟悉建筑结构与幕墙设计图→整个工程进行分区、分面→确定基准测量轴线→确定关键点→放线→测量→记录原始数据→更换测量层次（或立面）→重复以上步骤→处理数据→测量成果分析

B. 熟悉建筑结构与幕墙设计图→整个工程进行分区、分面→确定基准测量层→确定关键点→确定基准测量轴线→放线→测量→记录原始数据→更换测量层次（或立面）→重复以上步骤→处理数据→测量成果分析

C. 熟悉建筑结构与幕墙设计图→整个工程进行分区、分面→确定基准测量层→确定基准测量轴线→确定关键点→放线→测量→记录原始数据→更换测量层次（或立面）→重复以上步骤→处理数据→测量成果分析

D. 熟悉建筑结构与幕墙设计图→整个工程进行分区、分面→确定基准测量层→确定基准测量轴线→确定关键点→放线→测量→记录原始数据→更换测量层次（或立面）→重复以上步骤→测量成果分析→处理数据

45. 为保证不受其他因素影响，上、下钢线每（　　　）层一个固定支点，水平钢线每（　　　）m 一个固定支点。

A. 2，15   B. 1，10   C. 3，15   D. 2，10

46. 测量放线时应控制和分配好误差，不使误差积累；根据总包提供的预沉降值，逐层消化在（　　）中。

A. 地基回填土面层以下　　　　　　B. 顶面檐口凹槽

C. 伸缩缝　　　　　　　　　　　　D. 墙面分仓缝

47. 对由横梁与竖框组成的幕墙，幕墙施工放线的一般原则是：（　　）。

A. 一般先弹出竖框的锚固点，然后确定竖框的位置。待横梁弹到竖框上，方可进行竖框通长布置

B. 一般先弹出竖框的位置，然后确定竖框的锚固点。待横梁弹到竖框上，方可进行竖框通长布置

C. 一般先弹出竖框的锚固点，然后确定竖框的位置。待竖框通长布置完毕，横梁再弹到竖框上

D. 一般先弹出竖框的位置，然后确定竖框的锚固点。待竖框通长布置完毕，横梁再弹到竖框上

48. 幕墙放线阶段进行水平分割，每次分割须复检：按原来的分割方式复尺，按相反方向复尺，并按总长、分长复核闭合差，误差大于（　　）须重新分割。

A. 2mm　　　　　B. 20mm　　　　　C. 3mm　　　　　D. 10mm

二、多项选择题

1. 在装饰施工中，放线过程中常用的仪器工具有（　　）。

A. 激光投线仪　　B. 卷尺　　　　　C. 水准仪

D. 卡尺　　　　　E. 经纬仪

2. 在装饰施工中，参与放线人员包括（　　）。

A. 施工员　　　　B. 班组长　　　　C. 监理

D. 放线技工　　　E. 辅助放线员

3. 在做基准点线移交时，哪些基准点（线）需要做书面移交（　　）。

A. 主控线　　　　B. 中轴线　　　　C. 基准点

D. 吊顶标高线　　E. 1m线

4. 在开展测量放线工作时，哪些是需要首先应确定的线（　　）。

A. 主控线　　　　B. 轴线　　　　　C. 1m线

D. 地面完成面线　E. ±0.000线

5. 在局部区域空间放线时，首先应完成（　　）放线工作。

A. 顶面完成面线　B. 墙面完成面线　C. 门窗完成面线

D. 地面基层面线　E. 门窗洞中线

6. 在放线时，墙面基层完成面线通常包括（　　）。

A. 湿作业基层　　B. 软硬包基层　　C. 木饰面基层

D. 石材钢架基层　E. 楼面基层

7. 在装饰放线中，通常的细部放线包括（　　）。

A. 木饰面门套结构　　　　　　　　B. 木饰面与石材交接

C. 造型背景墙面　　　　　　　　　D. 排版分割线

E. 墙面完成面

8. 在装饰放线前，通常参与基准线（点）移交的单位有（　　）。

A. 业主　　　　　B. 总包　　　　　　　　C. 监理

D. 施工方　　　　E. 建设方

9. 经纬仪在使用过程可以测量（　　）。

A. 两个方向的水平夹角

B. 竖直角

C. 两点间水平距离

D. 角度坐标

E. 高差

10. 激光投线仪使用功能包括（　　）。

A. 放线　　　　　B. 检测平整度　　　　C. 检测垂直度

D. 检测距离　　　E. 检测方正度

11. 水准仪具备的测量功能有测量（　　）。

A. 两点间的高差

B. 待定点的高程

C. 两点间的水平距离

D. 水平夹角

E. 已知点的高程

12. 在装饰放线排版时，我们通常以（　　）为原则。

A. 居中　　　　　B. 通缝　　　　　　　C. 节材

D. 设备安装　　　E. 工艺优化

13. 在装饰施工中，放线对装饰施工的作用包括（　　）。

A. 控制工艺结构　B. 把控产品质量　　　C. 提高施工效率

D. 控制施工成本　E. 工序进度管理

14. 在放线时，放线的辅助工具材料有（　　）。

A. 墨斗　　　　　B. 自喷漆　　　　　　C. 硬质模版字牌

D. 铅笔　　　　　E. 2m靠尺

15. 在装饰放线时，放线过程中应该注意的要点有（　　）。

A. 测量仪器校验

B. 基准点（线）移交

C. 基准点线复核

D. 机电点位的控制

E. 图纸绘制

16. 水准仪是测量高程、建筑标高用的主要仪器。水准仪主要由（　　）几部分构成。

A. 望远镜　　　　B. 水准器　　　　　　C. 照准部

D. 基座　　　　　E. 显示屏

17. 经纬仪的安置主要包括（　　）几项内容。

A. 初平　　　　　B. 定平　　　　　　　C. 精平

D. 对中　　　　　E. 验收

18. 在装饰施工中，内墙饰面砖粘贴和排版的技术要求有（　　　）。

A. 粘贴前饰面砖应浸水 2h 以上，晾干表面水分

B. 每面墙不宜有两列（行）以上非整砖

C. 非整砖宽度不宜小于整砖的 1/4

D. 结合层砂浆采用 1：3 水泥砂浆

E. 在墙面突出物处，不得用非整砖拼凑粘贴

19. 幕墙放线控制点原理中，激光经纬仪可用于（　　　）。

A. 确定等高线　　　　B. 确定垂直线　　　　C. 校核空间交叉点

D. 确定顶面控制线　　E. 确定水平线

20. 幕墙施工时，建筑物外轮廓测量的结果对（　　　）的安装质量起着决定性作用。

A. 预埋件　　　　　　B. 顶面控制线　　　　C. 连接件

D. 转接件　　　　　　E. 竖框定位

21. 幕墙放线现场测量的器具材料包括（　　　）。

A. 冲击钻、电焊机

B. 经纬仪、水准仪

C. 对讲机、墨斗

D. 角钢、化学螺栓

E. 钢丝线、鱼线

三、判断题

1. 在放线过程中，放线工作由班组长管理，施工员不需要参加。（　　　）

2. 在装饰放线时，放线仪器和工具，直接从仪器库领取并可使用。（　　　）

3. 在装饰放线时，施工实际空间尺寸与图纸理论尺寸不相符时，可以在任何部位消化误差。（　　　）

4. 在装饰施工中，在同一项目，在度量卷尺的选择上可以根据自己的喜爱，不需要统一品牌和规格。（　　　）

5. 在测量放线时，卷尺在使用过程中刻度脱落、不清楚，或有锈迹时要重新校验或更换，以保证准确性。（　　　）

6. 在装饰放线时，测量放线前应认真阅读施工图纸、设计答疑等相关的施工信息文件，明确设计要求。（　　　）

7. 在装饰施工中，根据施工进度的计划，合理安排测量放线工作，穿插进行。（　　　）

8. 在装饰施工中，移交基准点（线）时，不需要书面手续。（　　　）

9. 在施工放线时，不需要考虑装饰工程产品化。（　　　）

10. 在装饰施工中，施工员必须对 1m 装饰线进行复核。（　　　）

11. 在装饰放线时，放线只需要在地面上放出控制线即可。（　　　）

12. 在每个步骤的放线开始前，都要对红外线投射仪进行校验。（　　　）

13. 放线前，不一定要进行顶面综合布点图的绘制。（　　　）

14. 卫生间等有贴砖或石材要求的区间，需先在电脑上排版，然后根据排版图弹出分

格线。　　　　　　　　　　　　　　　　　　　　　　　　　　　（　　）

15. 在装饰施工中，同一个项目，测量放线的人员需要固定。　　　（　　）

16. 在装饰施工中，施工员要对放线工作进行复核、校正。　　　　（　　）

17. 在装饰施工中，综合布点图要让有关安装单位签字，以保证按图施工。（　　）

18. 在开关插座等点位放线定位时，必须考虑实际装饰材料排版模数，以保证装饰效果。　　　　　　　　　　　　　　　　　　　　　　　　（　　）

19. 在装饰施工中，遇到贵重材料定制，应联合专业厂家共同参与放线工作。（　　）

20. 在同一区域放线，出现多种材料交接收口时，必须做到联合下单。（　　）

21. 在装饰施工放线时，我们根据基准点线引出横纵控制线和1m线后，可以马上废除原始移交的基准点线。　　　　　　　　　　　　　　　　　（　　）

22. 在装饰施工中，遇到机场、高铁站等大空间放线时，因为东、西、南、北跨距长，我们可以分成小区域进行放线，不需要考虑放多条通长控制线。　　（　　）

23. 幕墙放线在进行水平分割时，每次分割须复检：按原来的分割方式复尺，按逆时针方向复尺，并按总长、分长复核闭合差，误差大于2mm须重新分割。　（　　）

24. 幕墙放线在进行水平分割时，每次分割须复检：按原来的分割方式复尺，按相反方向复尺，并按总长、分长复核闭合差，误差大于2mm须重新分割。　（　　）

第5章　工程材料的基本知识

一、单项选择题

1. 无机凝胶材料按硬化条件的不同分为气硬性和水硬性凝胶材料两大类，水硬性凝胶材料既能在空气中硬化，又能很好地在水中硬化，保持并继续发展其强度，如（　　）。
A. 石灰　　　　　B. 石膏　　　　　C. 各种水泥　　　　D. 水玻璃

2. 在混合砂浆中掺入适当比例的石膏，其目的是（　　）。
A. 提高砂浆强度　　　　　　　　　B. 改善砂浆的和易性
C. 降低成本　　　　　　　　　　　D. 增加黏性

3. 水泥的凝结时间分初凝和终凝。这个指标对施工有着重要的意义。普通硅酸盐水泥、矿渣硅酸盐水泥、火山灰质硅酸盐水泥、粉煤灰硅酸盐水泥和复合硅酸盐水泥的初凝时间不小于（　　），终凝时间不大于（　　）。
A. 30min，500min　　　　　　　　B. 40min，600min
C. 45min，600min　　　　　　　　D. 50min，650min

4. 超过（　　）个月的水泥，即为过期水泥，使用时必须重新确定其强度等级。
A. 一　　　　　　B. 二　　　　　　C. 三　　　　　　D. 六

5. 装饰砂浆用于墙面喷涂、弹涂或墙面抹灰装饰，主要品种有（　　）。
A. 彩色砂浆　　　B. 水泥石灰类砂浆　C. 混合类砂浆　　　D. 聚合物水泥砂浆

6. 顶棚罩面板和墙面使用石膏能起到（　　），可以调节室内空气的相对湿度。
A. 保护作用　　　B. 呼吸作用　　　C. 隔热作用　　　　D. 防水作用

7. 装饰装修材料中，能起到较好的保温、隔热和隔声作用的材料是（　　）。

A. 石膏板　　　　　　B. 墙纸　　　　　　C. 木地板　　　　　D. 地砖

　　8. 从 2002 年 7 月 1 日起强制实施的室内装饰装修材料有害物质限量标准 GB 18580—2001～GB 18588—2001 和《建筑材料放射性核素限量》GB 6566—2001，规定了 10 项材料中有害物质的限量，以下（　　）不是标准中规定的。

　　A. 人造木质板材　　　　　　　　　B. 溶剂型木器涂料

　　C. 内墙涂料　　　　　　　　　　　D. 塑料扣件

　　9. 下列哪一个不是木材所具备的性质（　　）。

　　A. 孔隙率大　　　B. 体积密度小　　　C. 导热性能好　　　D. 吸湿性强

　　10. 木材为多孔材料，密度较小，平均密度为（　　）。

　　A. 1650kg/m³　　B. 1550kg/m³　　　C. 1500kg/m³　　　D. 1600kg/m³

　　11. 木材由潮湿状态被干燥至纤维饱和点以下时，细胞壁内的吸附水开始（　　），木材体积开始（　　）；反之，干燥的木材（　　）后，体积将发生（　　）。

　　A. 吸湿　膨胀　蒸发　收缩　　　　　B. 蒸发　膨胀　吸湿　收缩

　　C. 蒸发　收缩　吸湿　膨胀　　　　　D. 吸湿　收缩　蒸发　膨胀

　　12. （　　）不是木材的人工干燥方法。

　　A. 浸材法　　　B. 自然干燥　　　C. 蒸材法　　　D. 热炕法

　　13. 实木木材与人造板材相比，有（　　）的差异。

　　A. 幅面大　　　B. 变形小　　　C. 表面光洁　　　D. 存在各向异性

　　14. 微薄木贴面板：又称饰面胶合板或装饰单板贴面胶合板，它是将阔叶树木材（柚木、胡桃木、柳桉等）经过切片机切出（　　）的薄片，再经过蒸煮、化学软化及复合加工工艺而制成的一种高档的内墙细木装饰材料，它以胶合板为基材（底衬材），经过胶粘加压形成人造板材。

　　A. 0.1～0.4mm　　　　　　　　　　B. 0.2～0.5mm

　　C. 0.2～0.4mm　　　　　　　　　　D. 0.1～0.5mm

　　15. 根据体积密度不同，纤维板分为硬质纤维板、半硬质纤维板和软质纤维板。其中半硬质纤维板的体积密度为（　　）。

　　A. 300～700kg/m³　　　　　　　　　B. 400～800kg/m³

　　C. 400～700kg/m³　　　　　　　　　D. 300～800kg/m³

　　16. 经常被用作室内的壁板、门板、家具及复合地板的纤维板是（　　）。

　　A. 硬质纤维板　　B. 半硬质纤维板　　C. 软质纤维板　　D. 超软质纤维板

　　17. 按用途不同分类，B 类刨花板可用于（　　）。

　　A. 家庭装饰　　　B. 家具　　　C. 橱具　　　D. 非结构类建筑

　　18. 由于全国气候的差异，为防止因含水率过高使板面发生脱胶、隆起和裂缝等质量问题而影响到装饰效果，选择应满足（　　）的要求。

　　A. Ⅰ类：含水率 10%，包括包头、兰州以西的西北地区和西藏自治区

　　B. Ⅱ类：含水率 12%，包括徐州、郑州、西安及其以北的华北地区和东北地区

　　C. Ⅲ类：含水率 17%，包括徐州、郑州、西安以南的中南、华南和西南地区

　　D. Ⅳ类：含水率 17%，包括广州、南宁以南的岭南地区

　　19. 条木地板的宽度一般不大于（　　），板厚为（　　），拼缝处加工成企口或错

口，端头接缝要相互错开。

    A. 115mm，15～25mm   B. 120mm，20～30mm

    C. 115mm，20～30mm   D. 120mm，25～35mm

20. 拼木地板又叫拼花木地板，分单层和双层的两种，它们的面层都是硬木拼花层，以下（   ）不是常见的拼花形式。

    A. 米子格式   B. 正方格式   C. 斜方格式（席纹式）D. 人字形

21. 拼木地板所用的木材经远红外线干燥，其含水率不超过（   ）。

    A. 10％   B. 12％   C. 14％   D. 16％

22. 在使用功能方面，有较高的弹性、隔热、隔声性能的是（   ）。

    A. 复合木地板   B. 软木地板   C. 拼木底板   D. 条木地板

23. 强化复合地板按地板基材不包括（   ）。

    A. 高密度板   B. 中密度板   C. 低密度板   D. 刨花板

24. （   ）不属于实木复合木地板。

    A. 三层复合实木地板   B. 多层复合实木地板

    C. 细木工板实木复合地板   D. 叠压式复合木地板

25. 天然石材表现密度的大小与其矿物组成和孔隙率有关。密实度较好的天然大理石、花岗石等，其表现密度约为（   ）。

    A. 小于 1800kg/m^3 B. 2550～3100kg/m^3

    C. 大于 1800kg/m^3 D. 大于 3100kg/m^3

26. 下列哪类石材的耐水性能（K）可以用于重要建筑（   ）。

    A. $K=0.2$ B. $K=0.4$ C. $K=0.6$ D. $K=0.8$

27. 选购天然花岗石材时最好不用（   ）的，含放射性元素极少或不含放射性元素的花岗石多为灰色的或灰白色的，也可以选用人造花岗石材。

    A. 黑色   B. 青色   C. 紫色   D. 红色

28. 花岗岩具有放射性，国家标准中规定（   ）可用于装饰装修工程，生产、销售、使用范围不受限制，可在任何场合应用。

    A. A 类   B. B 类   C. C 类   D. D 类

29. 下列哪一类石材不属于水泥型人造石材（   ）。

    A. 人造大理石   B. 人造玉石   C. 水磨石   D. 人造艺术石

30. 在坯体表面施釉并经过高温焙烧后，釉层与坯体表面之间发生相互作用，在坯体表面形成一层玻璃质，我们称之为釉料，具有（   ）的特点。

    A. 降低了陶瓷制品的艺术性和物理力学性能

    B. 对釉层下面的图案、画面等具有透视和保护的作用

    C. 防止原料中有毒元素溶出，掩盖坯体中不良的颜色及某些缺陷

    D. 使坯体表面变得平整、光亮、不透气、不吸水

31. 生产陶瓷制品的原材料主要有可塑性的原料、瘠性原料和熔剂三大类，其中（   ）不属于熔剂。

    A. 长石   B. 滑石粉

    C. 石英砂   D. 钙、镁的碳酸盐

32. 一般而言，吸水率（　　）的陶瓷砖，我们称之为炻质砖。

A. 大于 10%

B. 小于 6%

C. 大于 6% 不超过 10%

D. 不超过 0.5%

33. 陶瓷马赛克与铺贴衬材经粘贴性试验后，不允许有马赛克脱落。表贴陶瓷马赛克的剥离时间不大于（　　），表贴和背贴陶瓷马赛克铺贴后，不允许有铺贴衬材露出。

A. 30min　　　　　B. 40min　　　　　C. 45min　　　　　D. 50min

34. 下列哪一项不属于玻化砖的特点（　　）。

A. 密实度好　　　　B. 吸水率低　　　　C. 强度高　　　　D. 耐磨性一般

35. 玻璃的密度高，约为（　　），孔隙率接近于零，所以，玻璃通常视为绝对密实的材料。

A. 2350～2450kg/m³

B. 2400～2500kg/m³

C. 2450～2550kg/m³

D. 2350～2500kg/m³

36. 在普通建筑工程中，使用量最多的平板玻璃是（　　）。

A. 普通平板玻璃　　B. 吸热平板玻璃　　C. 浮法平板玻璃　　D. 压花平板玻璃

37. 安全玻璃具有强度高，抗冲击性能好、抗热振性能强的优点，破碎时碎块没有尖利的棱角，且不会飞溅伤人。特殊安全玻璃还具有（　　）等功能。

A. 抵御枪弹的射击　　B. 防止盗贼入室　　C. 屏蔽核辐射　　D. 防止火灾蔓延

38. 防火玻璃能阻挡和控制热辐射、烟雾及火焰，防止火灾蔓延。防火玻璃处在火焰中时，能成为火焰的屏障，可有效限制玻璃表面热传递，并能最高经受（　　）的火焰负载，还具有较高的抗热冲击强度，在（　　）左右的高温环境仍有保护作用。

A. 1.5h，700℃　　B. 2h，750℃　　C. 3h，800℃　　D. 2h，800℃

39. 具有辐射系数低，传热系数小特点的玻璃是（　　）。

A. 热反射玻璃　　　B. 低辐射玻璃　　　C. 选择吸收玻璃　　D. 防紫外线玻璃

40. 下列哪一项不属于油漆（　　）。

A. 天然树脂漆　　　B. 调和漆　　　　　C. 乳胶漆　　　　D. 硝基清漆

41. 对特种涂料的主要要求描述不正确的是（　　）。

A. 较好的耐碱性、耐水性和与水泥砂浆、水泥混凝土或木质材料等良好的结合

B. 具有一定的装饰性

C. 原材料资源稀少，成品价格比较昂贵

D. 具有某些特殊性能，如防水、防火和杀虫等

42. 防火涂料也称为阻燃涂料，它具有提高易燃材料耐火能力的功能，按组成材料不同可分为膨胀型防火涂料和非膨胀型防火涂料两大类，以下（　　）不属于膨胀型防火涂料。

A. 钢结构防火涂料　　　　　　　　　B. 木结构防火涂料

C. 膨胀乳胶防火涂料　　　　　　　　D. 氯丁橡胶乳液防火涂料

43. 地毯的主要技术性能不包括（　　）。

A. 耐腐蚀性　　　　B. 剥离强度　　　　C. 耐磨性　　　　D. 抗菌性

44. 下列选项中，（　　）不属于无机类胶粘剂。

A. 硅酸型　　　　　B. 磷酸型　　　　　C. 树脂胶　　　　D. 硼酸型

45. 无毒、无味、不燃烧、游离醛的含量低，施工中没有刺激性气味，主要用于墙布、瓷砖、壁纸和水泥制品的粘贴，也可作为基料来配制地面和内外墙涂料的壁纸墙壁胶粘剂是（　　）。

A. 聚醋酸乙烯胶粘剂　　　　　　　　　B. 聚乙烯醇胶粘剂

C. 801 胶　　　　　　　　　　　　　　D. 粉末壁纸胶

46. （　　）是以水泥为基材，经聚合物改性后而制成的一种粉末胶粘剂，使用时加水搅拌至要求的黏稠度即可。主要性能特点是粘结力好、耐水性和耐久性好，价格低、操作方便，适用于混凝土、水泥砂浆墙面、地面及石膏板等表面粘贴瓷砖、锦砖、天然大理石、人造石材等时选用。

A. TAS 型高强度耐水瓷砖胶粘剂　　　　B. AH-93 大理石胶粘剂

C. TAM 型通用瓷砖胶粘剂　　　　　　　D. SG-8407 内墙瓷砖胶粘剂

47. 塑料地板胶粘剂中，主要用于地板等与水泥砂浆地面的粘贴是（　　）。

A. 聚醋酸乙烯类胶粘剂　　　　　　　　B. 合成橡胶类胶粘剂

C. 聚氨酯类胶粘剂　　　　　　　　　　D. 环氧树脂类胶粘剂

48. 环氧树脂在建筑装饰施工中经常用到，通常用来（　　）。

A. 制作广告牌　　　　　　　　　　　　B. 加工成玻璃钢

C. 用作胶黏剂　　　　　　　　　　　　D. 代替木材加工成各种家具

49. 常用的塑料中（　　）可以作为人造大理石的胶结材料，也可以用它加工成玻璃钢，广泛用于屋面采光材料、门窗框架和卫生洁具等。

A. 聚氯乙烯　　　　　　　　　　　　　B. 改性聚苯乙烯

C. 不饱和聚酯树脂　　　　　　　　　　D. 聚乙烯

50. 近年来在裱糊装饰工程中应用最为广泛的一种壁纸是（　　）。

A. 纸基壁纸　　　　B. 织物壁纸　　　　C. 金属涂布壁纸　　　　D. 塑料壁纸

51. 冬期施工时，油漆中不可随意加入（　　）。

A. 固化剂　　　　　　B. 稀释剂　　　　C. 催干剂　　　　　　D. 增塑剂

52. 多彩涂料如太厚，可加入 0%～10% 的（　　）稀释。

A. 乙醇　　　　　　　B. 汽油　　　　　C. 松香水　　　　　　D. 水

53. 涂料工程水性涂料涂饰工程施工的环境温度应在（　　）之间，并注意通风换气和防尘。

A. 0～40℃　　　　B. 5～35℃　　　　C. 0～35℃　　　　D. 10～35℃

54. 水性涂料中的成膜助剂是起（　　）的作用。

A. 降低成膜温度　　　　　　　　　　　B. 提高成膜温度

C. 增稠　　　　　　　　　　　　　　　D. 防黏度降低

55. 涂装有以下几方面的功能：保护作用、（　　）、特种功能。

A. 标制　　　　　　　B. 示温　　　　　C. 装饰作用　　　　　D. 耐擦伤性

56. 在采用浸、淋、喷、刷等涂装方法的场合，涂料在被涂物的垂直面的边缘附近积留后，照原样固化并牢固附着的现象称为（　　）。

A. 流淌　　　　　　　B. 下沉　　　　　C. 流挂　　　　　　　D. 缩孔

57. 涂料实干时间一般要求不超过（　　）。

A. 6h B. 12h C. 24h D. 48h

58. 下列哪一项不属于油漆（　　）。

A. 天然树脂漆 B. 调和漆 C. 乳胶漆 D. 硝基清漆

59. 修补面漆一般以（　　）树脂系为主。

A. 聚酯 B. 丙烯酸 C. 氨基醇酸 D. 聚氨酯

60. 金属漆中银粉又称（　　）。

A. 铅粉 B. 铜粉 C. 铝粉 D. 金粉

61. 油漆分类的依据是（　　）。

A. 以油漆的颜色进行分类 B. 以油漆的性能进行分类

C. 以主要成膜物质进行分类 D. 以辅助成膜物质进行分类

62. 聚丙烯底漆的稀释剂是（　　）。

A. 水 B. 甲基化酒精 C. 石油溶剂 D. 丙酮

63. 油漆涂料工程中泛白的主要原因是（　　）。

A. 湿度过大 B. 气温太高 C. 溶剂选用不当 D. 气温太低

64. 涂料因贮存，造成黏度过高，可用（　　）调整。

A. 配套颜料 B. 配套树脂 C. 配套稀释剂 D. 二甲苯或丁酯

65. 清漆施涂时温度不宜（　　）。

A. 高于5℃ B. 低于5℃ C. 高于8℃ D. 低于8℃

66. 装饰施工机械是指（　　）。

A. 各种手持电动工具 B. 水磨石机

C. 施工升降机 D. 各种手持电动工具和小型装饰机械

67. 装饰机械，是指（　　）。

A. 混凝土搅拌机

B. 各种手持电动工具

C. 电圆锯

D. 除手持电动工具外，移动作业比较轻便灵活的电动机械

68. 电圆锯的用途（　　）。

A. 主要用于裁锯木材类板材 B. 裁锯铝型材

C. 裁锯钢材 D. 裁锯陶瓷类制品

69. 手电钻在可钻材料范围内，根据不同的规格型号，钻孔直径可以在（　　）mm 范围。

A. $\phi3\sim\phi5$ B. $\phi5\sim\phi18$ C. $\phi18\sim\phi25$ D. $\phi25$ 以上

70. 电锤用于混凝土构件、砖墙的钻孔、一般钻孔直径在（　　）mm 范围内。

A. $\phi2\sim\phi6$ B. $\phi40$ 以上 C. $\phi6\sim\phi38$ D. $\phi38\sim\phi40$

71. 电动扳手主要用于（　　）。

A. 结构件的螺栓紧固和脚手架的螺栓紧固

B. 钢丝绳紧固

C. 石膏板吊顶龙骨挂件的紧固

D. 铝型材的连接固定

72. 电动工具温度超过（　　）℃时，应停机，自然冷却后再行作业。

A. 30　　　　　　　B. 40　　　　　　　C. 50　　　　　　　D. 60

73. 电钻和电锤为（　　）断续工作制，不得长时间连续使用。

A. 50%　　　　　　B. 40%　　　　　　C. 60%　　　　　　D. 80%

74. 角向磨光机砂轮选用增强纤维树脂型，其安全线速度不得小于（　　）。

A. 8m/s　　　　　　B. 50m/s　　　　　C. 80m/s　　　　　D. 100m/s

75. 角向磨光机磨制作业时，应使砂轮与工作面保持（　　）倾斜位置。

A. 15°～30°　　　　B. 30°～45°　　　C. 50°　　　　　　D. 50°～60°

76. 一般地板磨光机的磨削宽度为（　　）mm。

A. 500～600　　　　B. 400～300　　　C. 200～300　　　D. 100～200

77. 有的地板磨光机的磨削长度达（　　）mm。

A. 400　　　　　　B. 450　　　　　　C. 500　　　　　　D. 650

78. 高压无气喷涂机喷涂燃点在（　　）℃下的易燃涂料时，必须按规定接好地线。

A. 21　　　　　　　B. 30　　　　　　　C. 50　　　　　　　D. 80

79. 高压无气喷涂机的高压软管弯曲半径不得小于（　　）mm。

A. 150　　　　　　B. 250　　　　　　C. 350　　　　　　D. 500

80. 水磨石机的开磨作业，宜在水磨石地面铺设达到设计强度（　　）时进行。

A. 50%　　　　　　B. 60%　　　　　　C. 70%～80%　　　D. 80%以上

81. 水磨石机更换新磨石后，应先在废水磨石地坪上或废水泥制品表面磨（　　），待金刚石切削刃磨出后，再投入工作面作业。

A. 0.5h　　　　　　B. 0.5～1h　　　　C. 1～2h　　　　　D. 2.5～3h

82. 木地板刨平机和磨光机的刀具、磨具应锋利，修正量（　　）。

A. 5mm

C. 合适为止

B. 1～2mm

D. 应符合产品使用说明书规定

83. 水泥抹光机作业时，电缆线应（　　）架设。

A. 地面　　　　　　B. 离地　　　　　　C. 高空　　　　　　D. 附墙

二、多项选择题

1. 建筑装饰装修材料从化学成分的不同可分为（　　）。

A. 有机装饰装修材料　　　B. 复合式装饰装修材料　　　C. 无机装饰装修材料

D. 金属装饰装修材料　　　E. 非金属装饰装修材料

2. 通用水泥用于一般的建筑工程，常见的品种有（　　）。

A. 硅酸盐水泥　　　　　　B. 普通水泥　　　　　　　　C. 矿渣水泥

D. 粉煤灰水泥　　　　　　E. 道路水泥

3. 木材经过干燥后能够（　　）。

A. 提高木材的抗腐朽能力　　B. 进行防火处理　　　　　　C. 防止变形

D. 防止翘曲　　　　　　　　E. 进行防水处理

4. 目前建材市场上出现的装饰装修工程中使用较多的人造板材有（　　）。

A. 薄木板材　　　　　　　　B. 纤维板　　　　　　　　　C. 胶合板

D. 细木工板　　　　　　　　　E. 中密度板

5. 用胶合板作面板，中间拼接小木条（小木块）粘结、加压而成的人造板材称之为大芯板，又称细木工板。大芯板按制作分类有（　　）。

A. 机拼　　　　　　　　　　B. 手拼　　　　　　　　　C. Ⅰ类胶大芯板

D. Ⅱ类胶大芯板　　　　　　E. Ⅲ类胶大芯板

6. 刨花板是利用木材加工的废料刨花、锯末等为主原料，以及水玻璃或水泥作胶结材料，再掺入适量的化学助剂和水，经搅拌、成型、加压、养护等工艺过程而制得的一种薄型人造板材。刨花板的品种有（　　）等。

A. 纸质刨花板　　　　　　　B. 甘蔗刨花板　　　　　　C. 亚麻屑刨花板

D. 棉秆刨花板　　　　　　　E. 竹材刨花板

7. 木地板的分类主要有（　　）等类型。

A. 条木地板　　　　　　　　B. 硬木地板　　　　　　　C. 软木地板

D. 复合木地板　　　　　　　E. 木丝板

8. 人造石材就所用胶凝材料和生产工艺的不同分为（　　）等。

A. 水泥型人造石材　　　　　B. 树脂型人造石材　　　　C. 复合型人造石材

D. 烧结型人造石材　　　　　E. 瓷砖

9. 以下描述正确的是（　　）。

A. 水泥型人造石材是以水泥为胶凝材料，主要产品有人造大理石、人造艺术石、水磨石和花阶砖等

B. 树脂型人造石材是以合成树脂为胶凝材料，主要产品有人造大理石板、人造花岗石板和人造玉石板等

C. 烧结型人造石材主要特点是品种多、质轻、强度高、不易碎裂、色泽均匀、耐磨损、耐腐蚀、抗污染、可加工性好，且装饰效果好，缺点是耐热性和耐候性较差

D. 树脂型人造石材主要用于建筑物的墙面、柱面、地面、台面等部位的装饰，也可以用来制作卫生洁具、建筑浮雕等

E. 微晶玻璃型人造石材又称微晶石材（微晶板、微晶石），这种石材全部用天然材料制成，比天然花岗石的装饰效果更好

10. 按表面性质不同和砖联颜色不同，陶瓷马赛克可分为（　　）。

A. 有釉　　　　　　　　　　B. 无釉　　　　　　　　　C. 单色

D. 双色　　　　　　　　　　E. 拼花

11. 卫生陶瓷是现代建筑室内装饰不可缺少的一个重要部分。卫生陶瓷按吸水率不同分为瓷质类和陶质类。其中瓷质类陶瓷制品有（　　）等。

A. 洗面器　　　　　　　　　B. 小便器　　　　　　　　C. 肥皂盒

E. 洗涤箱　　　　　　　　　F. 水箱

12. 玻璃是以（　　）等为主要原料，在1550～1600℃高温下熔融、成型，然后经过急冷而制成的固体材料。

A. 石英砂　　　　　　　　　B. 纯碱　　　　　　　　　C. 黏土

D. 长石　　　　　　　　　　E. 石灰石

13. 在装饰类玻璃中，（　　）一般多用于门窗、屏风类装饰。

A. 釉面玻璃   B. 彩色裂花玻璃   C. 镜玻璃

D. 磨砂玻璃   E. 刻花玻璃

14. 常见的安全玻璃有（   ）等种类。

A. 浮法玻璃   B. 夹丝平板玻璃   C. 夹层玻璃

D. 防盗玻璃   E. 防火玻璃

15. 吊顶龙骨是吊顶装饰的骨架材料，轻金属龙骨是轻钢龙骨和铝合金龙骨的总称。按其作用可分为（   ）。

A. 主龙骨   B. 中龙骨   C. 小龙骨

D. 上人龙骨   E. 不上人龙骨

16. 建筑涂料的类型、品种繁多，按涂料的主要成膜物质的性质分（   ）。

A. 有机涂料   B. 无机涂料   C. 熔剂型涂料

D. 复合涂料   E. 水性涂料

17. 建筑涂料的类型、品种繁多，按涂料在建筑物上使用的部位不同分为（   ）等。

A. 外墙涂料   B. 内墙涂料   C. 顶棚涂料

D. 屋面涂料   E. 防水涂料

18. 建筑涂料的一般性能要求有（   ）。

A. 遮盖力   B. 涂膜附着力   C. 透水性

D. 黏度   E. 细度

19. 建筑室内悬吊式顶棚装饰常用的罩面板材主要有（   ）等。

A. 石膏板   B. 矿棉吸声板   C. 珍珠岩吸声板

D. 钙塑泡沫吸声板   E. 金属微穿孔吸声板

20. 地毯按生产所用材质不同，可分为（   ）。

A. 簇绒地毯   B. 化纤地毯   C. 混纺地毯

D. 纯羊毛地毯   E. 塑料地毯

21. 聚乙烯醇胶粘剂属于非结构类胶粘剂，广泛应用于（   ）等材料的粘结。

A. 木材   B. 皮革   C. 纸张

D. 泡沫塑料   E. 瓷砖

22. 丙烯酸酯胶代号"AE"，是一种无色透明黏稠的液体，能在室温条件下快速固化。"AE"胶分 AE-01 和 AE-02 两种型号，AE-01 适用于（   ）之间的粘结。

A. 有机玻璃   B. 无机玻璃   C. 丙烯酸酯共聚物制品

D. ABS 塑料   E. 玻璃钢

23. 壁纸按生产所用材质不同，可分为（   ）。

A. 纸基壁纸   B. 织物壁纸   C. 金属涂布壁纸

D. 塑料壁纸   E. 墙布

24. 按涂料的主要成膜物质的性质分（   ）。

A. 有机涂料   B. 无机涂料   C. 水性涂料

D. 复合涂料   E. 油性涂料

25. 涂料原材料中的体制颜料，用途有（   ）。

A. 降低涂料的成本　　　　　B. 提高涂膜的耐磨性　　　　C. 增加涂料的白度

D. 提高涂料的光泽度　　　　E. 加强涂膜体制

26. 建筑涂料的类型、品种繁多，按涂料在建筑物上使用的部位不同分为（　　）等。

A. 外墙涂料　　　　　　　　B. 内墙涂料　　　　　　　　C. 顶棚涂料

D. 屋面涂料　　　　　　　　E. 防水涂料

27. 施工后的涂膜性能包括（　　）。

A. 遮盖力　　　　　　　　　B. 外观质量　　　　　　　　C. 耐老化性

D. 耐磨损性　　　　　　　　E. 最低成膜温度

28. 以下哪几种为特种涂料（　　）。

A. 防霉涂料　　　　　　　　B. 油性涂料　　　　　　　　C. 防水涂料

D. 防结露涂料　　　　　　　E. 防火涂料

29. 质感涂料包括（　　）。

A. UV 漆　　　　　　　　　B. 防锈漆　　　　　　　　　C. 砂壁漆

D. 真石漆　　　　　　　　　E. 肌理漆

30. 施工现场与装饰有关的机械设备，包括（　　）。

A. 手持电动工具

B. 小型装饰机械

C. 由土建单位提供的大型垂直运输机械

D. 挖掘机

E. 推土机

三、判断题

1. 气硬性无机凝胶材料只能在空气中凝结、无机凝胶材料只能在空气中凝结、硬化、产生硬度，并继续发展和保持其强度，如石灰、石膏、水玻璃等。　　　　　　（　　）

2. 石膏不仅可以用于生产各种建筑制品，如石膏板、石膏装饰件等，还可以作为重要的外加剂，用于水泥、水泥制品及硅酸盐制品的生产。　　　　　　　　　　（　　）

3. 水泥在硬化过程中体积变化是否均匀的性质我们称之为体积安定性，体积安定性不合格的水泥应作为次品处理，可以用在要求不高的工程上。　　　　　　　　　（　　）

4. 用装饰砂浆作装饰面层具有实感丰富、颜色多样、艺术效果鲜明、施工简单和造价低等优点，它能用于一级或一级以下建筑物的墙面装饰。　　　　　　　　　　（　　）

5. 木材的孔隙率大，体积密度小，故导热性好，所以木材是一种良好的传热材料。

（　　）

6. 人造板材应用时的环保指标按"室内装饰材料人造板材及其制品中甲醛释放量"强制标准规定。民用建筑工程室内装修必须采用 E_1 类人造板材。　　　　　（　　）

7. 复合木地板的底层有防水、防潮的功能，可以用在卫生间、浴室等长期处于潮湿状态的场所。　　　　　　　　　　　　　　　　　　　　　　　　　　　　　（　　）

8. 天然石材的耐水性用软化系数（K）表示。软化系数是指石材在饱和水状态下的抗压强度与其干燥条件下的抗压强度之比，反映了石材的耐水性能。当石材的软化系数 K 小于 0.80 时，该石材不得用于重要建筑。　　　　　　　　　　　　　　（　　）

9. 大理石的硬度明显高于天然花岗石。用刀具或玻璃做刻划试验，找出石材的一个较平滑的表面，用刀若能划出明显的划痕则为花岗石，否则为大理石。 （　　）

10. 最常用的是树脂型人造大理石，其产品的性能好，花纹较易设计，适应多种用途，但价格较高；水泥型人造大理石价格便宜，但产品容易出现龟裂，且耐腐蚀性较差，只能用作卫生洁具，不能用作板材。 （　　）

11. 生产陶瓷制品的原材料主要有可塑性的原料、瘠性原料和熔剂三大类，瘠性原料的作用是降低烧成温度，提高坯体的粘结力。 （　　）

12. 陶瓷马赛克是指用于装饰与保护建筑物地面及墙面的由多块小砖（表面面积不大于 $55cm^2$）拼贴成联的陶瓷砖。 （　　）

13. 麻面砖是选用仿天然岩石色彩的配料，经压制形成表面凹凸不平的麻点的坯体，然后经一次焙烧而成的炻质面砖。厚型麻面砖用于建筑物的外墙装饰；薄型麻面砖用于广场、停车场、人行道、码头等地面铺设。 （　　）

14. 陶瓷壁画是现代建筑装饰工程中集美术绘画和装饰艺术于一体的装饰精品，具有单块面积大、厚度薄、强度高、平整度好、吸水率小、抗冻、耐急冷急热、耐腐蚀和装饰效果好等优点，适用于大型宾馆、饭店、影剧院、机场、火车站和地铁等墙面装饰。

（　　）

15. 玻璃的导热性能差，收到冷或者热的温差急变时，其局部冷却或者受热，易造成破裂；玻璃的抗压强度远远高于抗拉强度。 （　　）

16. 浮法平板玻璃：具有用浮法工艺生产，特性同磨光平板玻璃等特点，一般用于门窗及装饰屏风。 （　　）

17. 玻璃砖又称特厚玻璃，具有强度高，隔热、隔声、耐水和耐蚀的性能好，不燃、耐磨、透光不透视、化学稳定性好和装饰效果好等特点。 （　　）

18. 铝合金装饰板是一种新型、高档的外墙装饰板材，主要有单层彩色铝合金板材、铝塑复合板、铝蜂窝板和铝保温复合板材等几种。 （　　）

19. 我们日常所说的在建筑装饰中所使用的"金粉"和"金箔"其实是铜合金。

（　　）

20. 凡涂敷到建筑物上不仅具有装饰功能，还具有一些特殊功能，如防火、防水、防霉、防腐、隔热、隔声等功能，因此将这类涂料称为特种涂料。 （　　）

21. 防水涂料按成膜物质的状态与成膜的形成不同，分为溶剂型、化学反应型和乳液型三大类。 （　　）

22. 油漆的成膜物质主要为油脂，品种很多，性能也各不相同，一般都利用无机溶剂进行稀释，故也可称其为无机溶剂型涂料。 （　　）

23. 聚酯漆是不饱和聚酯树脂为主要成膜物质，由于不饱和聚酯树脂的干燥速度慢、漆膜厚实丰满，有较高的光泽度和较好的保光性能，膜面硬度高，耐磨、耐热、耐寒、耐溶剂和耐弱碱腐蚀的性能都好。 （　　）

24. 纸面石膏板是以建筑石膏为主要原料，掺入纤维增强材料和外加剂制成芯板，再在板的两面粘贴护面纸而制得的板材。多用于建筑物室内墙面和顶棚装饰。 （　　）

25. 地毯的主要技术性能包括：剥离强度、绒毛粘合力、弹性、耐磨性、抗静电性、耐燃性、抗老化性、抗菌性。 （　　）

26. 环氧树脂类胶粘剂具有粘结强度高、收缩率大、耐水、耐油和耐腐蚀的特点，对玻璃、金属制品、陶瓷、木材、塑料、水泥制品和纤维材料都有较好的粘结能力，是装饰装修工程中应用最广泛的胶种之一。（　　）

27. 壁纸、壁布（贴墙布）属于建筑内墙裱糊材料，用来装饰室内墙壁、柱面和门面，不仅可以起到美化室内的作用，还可以提高建筑物的某些功能，如吸声、隔声、防霉、防臭和防潮、防火等。（　　）

28. 在整个涂饰过程中，依对打磨的不同要求和作用，可大致分为基层打磨、面层打磨以及层间打磨。（　　）

29. 涂料时由不挥发部分与挥发部分组成。（　　）

30. 涂料中加入的催干剂越多，涂层干燥成膜越快。（　　）

31. 防霉涂料是一种能够抑制涂膜中霉菌生长的功能性建筑涂料。（　　）

32. 不挥发分也称固体分，是涂料组分中经过施工后留下成为干涂膜的部分，它的含量高低对成膜质量和涂料的使用价值没有十分重要的关系。（　　）

33. 防水涂料按成膜物质的状态与成膜的形成不同，分为溶剂型、化学反应型和乳液型三大类。（　　）

34. 金属漆是用金属粉，如铜粉、铝粉等作为颜料所配制的一种高档建筑涂料。一般有水性、溶剂型和粉末型三种。（　　）

35. 特种涂料不仅具有装饰功能，还具有一些特殊功能，如防火、防水、防霉、防腐、隔热、隔声等功能。（　　）

36. 石材切割机的切割深度与切割机的功率和锯片直径有关。（　　）

37. 装饰施工机械是指小型装饰机械。（　　）

38. 手持电动工具的选择，应根据用途和产品使用说明书。（　　）

39. 电锤主要用于木材、铝型材的钻孔。（　　）

40. 充电扳手和充电钻，既可以充电，又可以安装锂电池。（　　）

41. 瓷砖切割机可以切割水泥砖。（　　）

42. 手持电动工具接触过油、碱类的砂轮可以使用。（　　）

43. 手持电动工具的砂轮片受潮后，可由操作者烘干使用。（　　）

44. 使用小型装饰机械，应按规定穿戴劳动保护用品，有些手持电动工具则不需要穿戴劳动保护用品。（　　）

45. 使用切割机，当发生刀片卡死时，应立即停机，慢慢退出刀片，重新对正后方可切割。（　　）

46. 应对操作人员进行手持电动工具知识教育，当手持电动工具出现故障时，操作人员应及时拆除维修。（　　）

47. 蛙式打夯机主要用于碾压机不能到达部位的原土地面、碎石、砂石垫层的夯实。（　　）

48. 双转盘（双转子）型的水泥抹光机抹光面大于单转盘（单转子）抹光机。（　　）

49. 水磨石机装上金刚石软磨片、钢丝绒，可以用做石材地面的打磨和晶面处理。（　　）

50. 铝型材切割机，主要用于铝型材的加工切割。（　　）

51. 砂浆喷涂机可用于内墙面的涂料喷涂。 （　　）

52. 小型装饰机械的维修应到生产厂家指定的特约门店和专业维修中心进行。（　　）

53. 长期搁置的装饰机械，再使用时，只要操作系统和传动系统灵敏可靠就可使用，无须再作其他检查。 （　　）

54. 喷浆机（泵）的机（泵）体内不得无液体干转。 （　　）

55. 水磨石机作业中：冷却水可短时间中断。 （　　）

第6章　装饰工程施工工艺和方法

一、单项选择题

1. 旅馆、酒店中庭栏杆或栏板高度不应低于（　　）m。
A. 0.80　　　　　　B. 1.00　　　　　　C. 1.20　　　　　　D. 1.50

2. 五星级酒店卫生间厕位隔间门宜向（　　）开启，厕位隔间宽度不宜小于（　　）m，深度不宜小于（　　）m。
A. 内；0.90；1.55　　　　　　　　　B. 内；0.70；1.35
C. 外；0.90；1.55　　　　　　　　　D. 外；0.70；1.35

3. 老年住宅卫生间内与坐便器相邻墙面应设水平高（　　）m的"L"形安全扶手。
A. 0.60　　　　　　B. 0.70　　　　　　C. 0.80　　　　　　D. 0.90

4. 有老年人居住的公共建筑，其通过式走道两侧墙面应设置扶手。下列关于扶手的说法，错误的是（　　）。
A. 墙面0.90m和0.65m高处宜设置扶手　　B. 扶手直径应在40~50mm之间
C. 扶手离墙表面间距40mm　　　　　　　D. 扶手应采用热导性较好的材料

5. 下列关于民用建筑内门的设置的说法，错误的是（　　）。
A. 手动开启的大门扇应有制动装置
B. 推拉门应有制动装置
C. 双面弹簧门应在可视高度部分装透明安全玻璃
D. 全玻璃门应选用安全玻璃或采取防护措施，并应设防撞提示标志

6. 卫生间并列小便器的中心距离不应小于（　　）m。
A. 0.35　　　　　　B. 0.45　　　　　　C. 0.55　　　　　　D. 0.65

7. 住宅标准层公共走道装修地面至顶棚的局部净高不应低于（　　）m。
A. 1.50　　　　　　B. 2.00　　　　　　C. 2.50　　　　　　D. 3.00

8. 住宅公共区域的顶棚装修材料应采用防火等级为（　　）级的材料。
A. A　　　　　　　B. B_1　　　　　　C. B_2　　　　　　D. B_3

9. 窗扇的开启把手距装修地面高度不宜高于（　　）m。
A. 1.50　　　　　　B. 2.00　　　　　　C. 2.50　　　　　　D. 3.00

10. 卫生间的非浴区地面排水坡度不宜小于（　　）%。
A. 0.5　　　　　　B. 1.0　　　　　　C. 1.5　　　　　　D. 2.0

11. 卫生间地面防水层应沿墙基上翻（　　）mm。

A. 150   B. 200   C. 250   D. 300

12. 淋浴间隔断高度不宜低于（   ）m。

A. 1.50   B. 2.00   C. 2.50   D. 3.00

二、多项选择题

1. 下列关于厨房橱柜尺寸的说法，正确的有（   ）。

A. 地柜高度应为 750~900mm

B. 地柜底座高度为 100mm

C. 在操作台面上的吊柜底面距室内装修地面的高度宜为 1600mm

D. 地柜的深度宜为 600mm

E. 地柜前缘踢脚板凹口深度不应小于 20mm

2. 下列关于老年人卧室的说法，正确的有（   ）。

A. 墙面阳角宜做成圆角或钝角

B. 寒冷地区不宜采用陶瓷地砖

C. 床头和卫生间厕位旁、洗浴位旁等宜设置固定式紧急呼救装置

D. 不宜设置弹簧门

E. 当采用推拉门时，地埋轨应高出装修地面面层

3. 下列关于旅馆、酒店客房部分走道的说法，正确的有（   ）。

A. 单面布房的公共走道净宽不得小于 1.30m

B. 双面布房的公共走道净宽不得小于 1.40m

C. 客房内走道净宽不得小于 1.10m

D. 无障碍客房走道净宽不得小于 1.50m

E. 公寓式旅馆，公共走道净宽不宜小于 1.00m

4. 下列关于旅馆、酒店客房门的说法，正确的有（   ）。

A. 客房入口门的净宽不应小于 0.90m

B. 客房入口门的门洞净高不应低于 2.00m

C. 客房入口门宜设安全防范设施

D. 客房卫生间门净宽不应小于 0.70m

E. 无障碍客房卫生间门净宽不应小于 0.70m

5. 下列关于卫生间防水高度的说法，正确的有（   ）。

A. 墙面防水层应上翻 300mm

B. 洗浴区墙面防水层高度不得低于 1.8m

C. 非洗浴区配水点处墙面防水层高度不得低于 1.5m

D. 浴缸处防水层应上翻 100mm

E. 当采用轻质墙体时，墙面应做通高防水层

6. 下列关于厨房装饰装修的说法，正确的有（   ）。

A. 单排布置设备的地柜前宜留有不小于 1.50m 的活动距离

B. 双排布置设备的地柜之间净距不应小于 900mm

C. 洗涤池与灶具之间的操作距离不宜小于 600mm

D. 厨房吊柜底面至装修地面的距离可为 1.5m

E. 厨房吊柜的深度不得小于 250mm

7. 下列关于淋浴间装修的说法，正确的有（　　　）。

A. 淋浴间宜设外开门

B. 淋浴间宜设内开门

C. 门洞净宽不宜小于 600mm

D. 浴缸、淋浴间靠墙一侧应设置牢固的抓杆

E. 淋浴间可设推拉门

8. 住宅室内防水设计应包括的内容有（　　　）。

A. 构造设计　　　　　　　B. 材料名称　　　　　　　C. 材料型号

D. 防水层厚度　　　　　　E. 材料生产厂家

三、判断题

1. 门把手中心距楼地面的高度宜为 0.95～1.10m。　　　　　　　　（　　）

2. 开敞阳台的地面完成面标高宜比相邻室内空间地面完成面低 15～20mm。（　　）

3. 卫生间门口应设置挡水坎。　　　　　　　　　　　　　　　　　（　　）

4. 卫生间门口处的防水层应向外延伸，长度不应小于 500mm，向两侧延展的宽度不应小于 200mm。　　　　　　　　　　　　　　　　　　　　　　　（　　）

四、案例题

某工程采用低温热水辐射供暖地面，面层铺设木地板。在低温热水辐射供暖地面填充层施工中，经检测，填充层在混凝土的实际强度等级为 C20。混凝土填充层施工中加热管内的水压为 0.4MPa，填充层养护过程中，加热管内的水压为 0.3MPa。为了抢工期，填充层养护 7d 后，就进行木地板面层的施工。木地板面层与墙、柱交接处留有 16mm 的伸缩缝。

根据背景资料，回答下列 1～6 问题。

1. 低温热水辐射供暖地面，一般采用温度不高于 80℃的热水为热媒。

（　　）（判断题）

2. 低温热水地面辐射供暖施工前，底层地面或楼层有防水要求的，必须做防水隔离层。　　　　　　　　　　　　　　　　　　　　　　　　　（　　）（判断题）

3. 低温热水辐射供暖地面填充层的豆石混凝土强度等级不宜小于（　　　）。（单项选择题）

A. C15　　　　　　B. C20　　　　　　C. C25　　　　　　D. C30

4. 低温热水辐射供暖地面的豆石混凝土填充层施工过程中，在地暖系统加热前，混凝土填充层的养护一般要求不少于（　　　）d。（单项选择题）

A. 7　　　　　　　B. 10　　　　　　C. 14　　　　　　D. 21

5. 低温热水辐射供暖地面面层进行木地板铺设时，应留不小于（　　　）mm 的伸缩缝。（单项选择题）

A. 8　　　　　　　B. 10　　　　　　C. 12　　　　　　D. 14

6. 下列关于混凝土填充层施工及填充层养护过程中，加热管内水压的要求，正确的有（　　）。（多项选择题）

A. 混凝土填充层施工中，加热管内的水压不应低于 0.2MPa

B. 混凝土填充层施工中，加热管内的水压不应低于 0.4MPa

C. 混凝土填充层施工中，加热管内的水压不应低于 0.6MPa

D. 填充层养护过程中，系统水压不应低于 0.2MPa

E. 填充层养护过程中，系统水压不应低于 0.4MPa

第 7 章　数据抽样、统计分析

一、单项选择题

1. 总体是工作对象的全体，如果要对某种产品进行检测，则总体就是这批产品的全部，它应当是物的集合，通常记作（　　）。

A. A　　　　　　　　B. N　　　　　　　　C. Q　　　　　　　　D. X

2. 对总体中的全部个体进行逐个检测，并对所获取的数据进行统计和分析，进而获得质量评价结论的方法通常称为（　　）。

A. 全数检验　　　　B. 完全随机抽样　　　C. 等距抽样　　　　D. 整群抽样

3. 把总体按照研究目的的某些特性分组，然后在每一组中随机抽取样品组成样本的方法叫作（　　）。

A. 分层抽样　　　　B. 完全随机抽样　　　C. 等距抽样　　　　D. 整群抽样

4. 在排列图法分析中，排列图上通常把曲线的累计百分数分为三级，与此相对应的因素分三类。其中 A 类因素对应（　　）。

A. 频率 0%～80%，是影响产品质量的主要因素

B. 频率 80%～90%，是影响产品质量的主要因素

C. 频率 90%～100%，是影响产品质量的一般因素

D. 频率 0%～80%，是影响产品质量的一般因素

二、多项选择题

1. 随机抽样方法具有特点有（　　）。

A. 省时　　　　　　　　　　B. 省力　　　　　　　　　　C. 省钱

D. 不能适应产品生产过程中及破坏性检测的要求

E. 具有较好的可操作性

2. 常见的质量数据统计分析的基本方法有（　　）。

A. 调查表法　　　　　　　　　　B. 分层法

C. 排列图法　　　　　　　　　　D. 因果分析图法

E. 方差分析法

3. 质量数据统计分析中分层法分层的方法主要有（　　）。

A. 按班次分类　　　　　　　　　B. 按操作者分类

C. 按施工方法分类　　　　　　　D. 按使用的材料规格分类

E. 按使用方法分类

三、判断题

1. 随机抽样应保证抽样的客观性，不能受人为因素的影响和干扰，尽量使每一个个体被抽到的概率基本相同，这是保证检测结果准确性的关键一环。　　　　　（　　　）

2. 质量波动一般有两种情况：一种是偶然性因素引起的波动称为正常被动，一种是系统性因素引起的波动则属异常波动。　　　　　　　　　　　　　（　　　）

3. 质量管理图就是利用上下控制界限，将产品质量特性控制在正常质量波动范围之内。　　　　　　　　　　　　　　　　　　　　　　　　　　　　　（　　　）

四、案例题

某项目走廊进行地面砖面层的铺贴施工，走廊长度为9m×1.8m，全部采用600mm×600mm瓷质砖，采用15～20mm厚1∶2干硬性砂浆结合层，上面涂刮5mm厚的水泥胶粘料，按模数化铺贴。监理方进行检查后发现该走廊有5块瓷砖出现空鼓，要求项目部进行整改。

根据背景资料，回答下列1～6问题。

1. 地面砖面层铺贴时，干硬性砂浆的干硬程度以手捏成团、指弹即散为宜。

　　　　　　　　　　　　　　　　　　　　　　　　　　　　（　　　）（判断题）

2. 砖面层铺贴质量验收时，应检查面层与下一层的结合是否牢固，无空鼓。检查的方法是用小锤轻击。　　　　　　　　　　　　　　　　　　　　（　　　）（判断题）

3. 根据题意，该走廊地面砖面层验收时，应按（　　　）个自然间进行验收。（单项选择题）

A. 0　　　　　　　B. 1　　　　　　　C. 2　　　　　　　D. 3

4. 下列关于该走廊验收是否合格的说法，正确的是（　　　）。（单项选择题）

A. 该走廊瓷砖空鼓率小于规范规定的空鼓率，验收结论合格

B. 该走廊瓷砖空鼓率大于规范规定的空鼓率，验收结论合格

C. 该走廊瓷砖空鼓率小于规范规定的空鼓率，验收结论不合格

D. 该走廊瓷砖空鼓率大于规范规定的空鼓率，验收结论不合格

5. 地面砖面层验收时，允许单块砖边角有局部空鼓，但每自然间或标准间的空鼓砖不应超过总数的（　　　）%。（单项选择题）

A. 3　　　　　　　B. 5　　　　　　　C. 8　　　　　　　D. 10

6. 下列关于地砖面层验收时，允许偏差和检查方法的说法，正确的有（　　　）。（多项选择题）

A. 表面平整度允许偏差2mm，采用2m靠尺及楔形塞尺进行检查

B. 缝格平直允许偏差3mm，采用拉5m线及钢直尺进行检查

C. 接缝高低差允许偏差1mm，采用钢直尺和楔形塞尺进行检查

D. 踢脚线上口平直度允许偏差3mm，采用拉5m线及钢直尺进行检查

E. 板块间隙宽度允许偏差2mm，采用钢直尺进行检查

第 8 章　施工项目管理的基本知识

一、单项选择题

1. 下列选项中关于施工项目管理的特点说法错误的是（　　）。

A. 对象是施工项目　　　　　　　　　B. 主体是建设单位

C. 内容是按阶段变化的　　　　　　　D. 要求强化组织协调工作

2. 下列施工项目管理程序的排序正确的是（　　）。

A. 投标、签订合同→施工准备→施工→验收交工与结算→用后服务

B. 施工准备→投标、签订合同→施工→验收交工与结算→用后服务

C. 投标、签订合同→施工→施工准备→验收交工与结算→用后服务

D. 投标、签订合同→施工准备→施工→用后服务→验收交工与结算

3. 以下不属于施工项目管理内容的是（　　）。

A. 施工项目的生产要素管理　　　　　B. 施工项目的合同管理

C. 施工项目的信息管理　　　　　　　D. 单体建筑的设计

4. 下列选项中，不属于施工项目管理组织的主要形式的是（　　）。

A. 工作队式　　　　B. 线性结构式　　　　C. 矩阵式　　　　D. 事业部式

5. 下列关于施工项目管理组织的形式的说法中，错误的是（　　）。

A. 工作队式项目组织适用于大型项目，工期要求紧，要求多工种、多部门配合的项目

B. 事业部式适用于大型经营型企业的工程承包

C. 部门控制式项目组织一般适用于专业性强的大中型项目

D. 矩阵制项目组织适用于同时承担多个需要进行项目管理工程的企业

6. 以下关于施工项目管理组织形式的表述，错误的是（　　）。

A. 施工项目管理组织的形式是指在施工项目管理组织中处理管理层次、管理跨度、部门设置和上下级关系的组织结构的类型

B. 施工项目主要的管理组织形式有工作队式、部门控制式、矩阵制、事业部式等

C. 工作队式项目组织是指主要由企业中有关部门抽出管理力量组成施工项目经理部的方式

D. 在施工项目实施过程中，应进行组织协调、沟通和处理好内部及外部的各种关系，排除各种干扰和障碍

7. 下列性质中，不属于项目经理部的性质的是（　　）。

A. 法律强制性　　　　B. 相对独立性　　　　C. 综合性　　　　D. 临时性

8. 下列选项中，不属于建立施工项目经理部的基本原则是（　　）。

A. 根据所设计的项目组织形式设置

B. 适应现场施工的需要

C. 满足建设单位关于施工项目目标控制的要求

D. 根据施工工程任务需要调整

9. 施工项目的劳动组织不包括下列的（　　）。

A. 劳务输入　　　　　　　　　　　　B. 劳动力组织

C. 项目经理部对劳务队伍的管理　　　　D. 劳务输出

10. 以下关于施工项目经理部综合性的描述，错误的是（　　）。

A. 施工项目经理部是企业所属的经济组织，主要职责是管理施工项目的各种经济活动

B. 施工项目经理部的管理职能是综合的，包括计划、组织、控制、协调、指挥等多方面

C. 施工项目经理部的管理业务是综合的，从横向看包括人、财、物、生产和经营活动，从纵向看包括施工项目寿命周期的主要过程

D. 施工项目经理部受企业多个职能部门的领导

二、多项选择题

1. 下列工作中，属于施工阶段的有（　　）。

A. 组建项目经理部

B. 严格履行合同，协调好与建设单位、监理单位、设计单位等相关单位的关系

C. 项目经理部组织编制施工项目管理实施规划

D. 项目经理部编写好开工报告

E. 管理施工现场，实现文明施工

2. 施工阶段的主要工作包括（　　）。

A. 由项目经理部编制开工报告

B. 项目经理部抓紧做好各项施工准备

C. 企业管理层委派项目经理

D. 项目经理组织招聘劳务班组

E. 项目经理组织购买大宗材料

3. 施工项目用后服务阶段的主要工作包括（　　）。

A. 根据《工程质量保修书》的约定做好保修工作

B. 进行工程回访

C. 为保证正常使用提供必要的技术咨询

D. 对维修发生的维修费用向用户收取

E. 使用建设单位推荐的维修队进行维修

4. 下列各项中，不属于施工项目管理的内容的是（　　）。

A. 建立施工项目管理组织

B. 编制施工项目管理目标责任书

C. 施工项目的生产要素管理

D. 施工项目的施工情况的评估

E. 施工项目的信息管理

5. 下列各部门中，不属于项目经理部可设置的是（　　）。

A. 经营核算部门　　　　　　　　　　B. 物资设备供应部门

C. 设备检查检测部门   D. 测试计量部门

E. 企业工程管理部门

6. 项目经理部的性质归纳为（　　）。

A. 相对独立性   B. 综合性

C. 固定性   D. 临时性

E. 多样性

三、判断题

1. 施工阶段的目标是完成施工合同规定的全部任务，达到交工验收条件。（　　）

2. 建设项目管理的对象是施工项目。（　　）

3. 在工程开工前，由项目经理组织编制施工项目管理实施规划，对施工项目管理从开工到交工验收进行全面的指导性规划。（　　）

4. 施工项目的生产要素主要包括劳动力、材料、技术和资金。（　　）

5. 某施工项目为 8000m² 的公共建筑工程，按照要求，须实行施工项目管理。
（　　）

6. 在现代施工企业的项目管理中，施工项目经理是施工项目的最高责任人和组织者，是决定施工项目盈亏的关键性角色。（　　）

7. 项目经理部是工程的主管部门，主要负责工程项目在保修期间问题的处理，包括因质量问题造成的返修、工程剩余价款的结算以及回收等。（　　）

8. 项目质量控制贯穿于项目施工的全过程。（　　）

9. 安全管理的对象是生产中的一切人、物、环境、管理状态，安全管理是一种动态管理。（　　）

第9章　国家工程建设相关法律法规

一、单项选择题

1. 建筑法规是指国家立法机关或其授权的行政机关制定的旨在调整国家及其有关机构、企事业单位、（　　）之间，在建设活动中或建设行政管理活动中发生的各种社会关系的法律、法规的统称。

A. 社区   B. 市民   C. 社会团体、公民   D. 地方社团

2. 建设法规的调整对象，即发生在各种建设活动中的社会关系，包括建设活动中所发生的行政管理关系、（　　）及其相关的民事关系。

A. 财产关系   B. 经济协作关系

C. 人身关系   D. 政治法律关系

3. 建设法规体系是国家法律体系的重要组成部分，是由国家制定或认可，并由（　　）保证实施。

A. 国家公安机关   B. 国家建设行政主管部门

C. 国家最高法院   D. 国家强制力

4. 以下法规属于建设行政法规的是（　　）。

A. 《工程建设项目施工招标投标办法》

B. 《中华人民共和国城乡规划法》

C. 《建设工程安全生产管理条例》

D. 《实施工程建设强制性标准监督规定》

5. 下列属于建设行政法规的是（　　）。

A. 《建设工程质量管理条例》

B. 《工程建设项目施工招标投标办法》

C. 《中华人民共和国城乡规划法》

D. 《实施工程建设强制性标准监督规定》

6. 在建设法规的五个层次中，其法律效力从高到低依次为（　　）。

A. 建设法律、建设行政法规、建设部门规章、地方性建设法规、地方建设规章

B. 建设法律、建设行政法规、建设部门规章、地方建设规章、地方性建设法规

C. 建设行政法规、建设部门规章、建设法律、地方性建设法规、地方建设规章

D. 建设法律、建设行政法规、地方性建设法规、建设部门规章、地方建设规章

7. 下列各项选项中，不属于《建筑法》规定约束的是（　　）。

A. 建筑工程发包与承包　　　　　　B. 建筑工程涉及的土地征用

C. 建筑安全生产管理　　　　　　　D. 建筑工程质量管理

8. 建筑业企业资质等级，是由（　　）按资质条件把企业划分成为不同等级。

A. 国务院行政主管部门　　　　　　B. 国务院资质管理部门

C. 国务院工商注册管理部门　　　　D. 国务院

9. 建筑业企业资质，是指建筑业企业的（　　）。

A. 建设业绩、人员素质、管理水平、资金数量、技术装备等的总称

B. 建设业绩、人员素质、管理水平等的总称

C. 管理水平、资金数量、技术装备的总称

D. 建设业绩、人员素质、管理水平、资金数量等的总称

10. 按照《建筑业企业资质管理规定》，建筑业企业资质分为（　　）三个序列。

A. 特级、一级、二级　　　　　　　B. 一级、二级、三级

C. 甲级、乙级、丙级　　　　　　　D. 施工总承包、专业承包和施工

11. 以文字、符号、图表所记载或表示的内容、含义来证明案件事实的证据是（　　）。

A. 物证　　　　　　B. 书证　　　　　　C. 证人证言　　　　　　D. 视听资料

12. 会议纪要中明确要求竣工日期，此份会议纪要属于（　　）。

A. 本证　　　　　　B. 反证　　　　　　C. 直接证据　　　　　　D. 间接证据

13. 下列哪一项资料不是项目开工前应具备的证据资料（　　）。

A. 开工报告　　　　　　　　　　　B. 施工进度计划

C. 施工许可证　　　　　　　　　　D. 隐蔽验收记录

14. 下列哪一资料应当作为合同的附件证据（　　）。

A. 投标报价工程量清单　　　　　　B. 开工报告

C. 施工许可证　　　　　　　　　　D. 土建验收记录

15. 下列哪项不是工程竣工验收合格前履约过程中收集的证据（　　）。

A. 施工许可证

B. 甲方要求暂停施工的证据

C. 施工配合等非乙方原因导致工期或质量问题的证据

D. 质量保修记录

16. （　　）是确定工程造价的主要依据，也是进行工程建设计划、统计、施工组织和物资供应的参考依据。

A. 工程量的确认　　　　　　　　　B. 工程单价的确认

C. 材料单价的确认　　　　　　　　D. 材料用量的确认

17. 工程量的性质（　　）。

A. 只是单纯的量的概念　　　　　　B. 含有量及单价的概念

C. 只是单纯的事实的概念　　　　　D. 含有总价的概念

18. 建设工程施工合同履行过程中因设计变更等因素导致工程量发生变化应及时办理（　　）。

A. 工程变更　　　　　　　　　　　B. 工程量签证

C. 设计变更　　　　　　　　　　　D. 工程量变更

19. 关于工程索赔说法错误的是（　　）。

A. 合同双方均享有工程索赔的权利

B. 有经济索赔、工期索赔

C. 通常所说的工程建设索赔即指工程施工索赔

D. 通过合同规定的程序提出

20. 下列不属于工程量索赔的必要条件有（　　）。

A. 建设单位不同意签证或不完全签证

B. 在合同约定期限内提出

C. 证据事实确凿、充分

D. 应有相应的单价及总价

21. 工程建设过程中，工期的最大干扰因素为（　　）。

A. 资金因素　　　　　　　　　　　B. 人为因素

C. 设备、材料及构配件因素　　　　D. 自然环境因素

22. 以下不属于影响工期因素中社会因素的是（　　）。

A. 外单位临近工程施工干扰

B. 节假日交通、市容整顿的限制

C. 临时停水、停电、断路

D. 不明的水文气象条件

23. 以下属于影响工期因素中管理因素的是（　　）。

A. 复杂的工程地质条件

B. 地下埋藏文物的保护、处理

C. 安全伤亡事故

D. 洪水、地震、台风等不可抗力

24. 以下哪种方式不能作为建设工程开工日期确定的依据（　　）。

A. 合同约定的开工日

B. 经业主确定的开工报告中开工日期

C. 业主下发的开工令

D. 施工许可证中的开工日期

25. 建设工程经竣工验收合格的，竣工日期应为（　　）。

A. 合同约定的竣工日期

B. 业主单方面下发的竣工日期

C. 竣工验收合格之日

D. 竣工报告提交日期（发包人未拖延验收）

26. 建设工程未经竣工验收，发包方擅自使用的，竣工日期应为（　　）。

A. 以转移占有建设工程之日　　　　　B. 以交付钥匙之日

C. 以甲方书面通知之日　　　　　　　D. 合同约定的竣工日期

27. 下述关于施工许可证的办理时间及办理单位说法正确的是（　　）。

A. 开工前、施工单位　　　　　　　　B. 开工前、建设单位

C. 开工后、施工单位　　　　　　　　D. 开工后、施工单位

28. 下列哪项不属于施工单位可主张工期顺延的理由（　　）。

A. 发包人未按约支付工程款　　　　　B. 不可抗力

C. 发包人未按约提供协助工作　　　　D. 施工单位的供应商未按期供应材料

29. 因（　　）致使工程中途停建、缓建的，发包方应当采取措施弥补或者减少损失，赔偿建筑施工企业因此造成的停工、窝工、倒运、机械设备调迁、材料和构件积压等损失和实际费用。

A. 发包人原因　　　　　　　　　　　B. 总包方原因

C. 设计方原因　　　　　　　　　　　D. 监理单位原因

30. 隐蔽工程在隐蔽以前，建筑施工企业应当通知发包方检查。发包方没有及时检查的，建筑施工企业（　　）。

A. 可以顺延工程工期，并有权要求赔偿停工、窝工等损失

B. 可以顺延工程工期

C. 可以自行隐蔽并进行下一道工序

D. 可以暂停施工并撤离施工现场

31. 下列哪一项不属于建筑施工企业可以顺延工程工期，并有权要求赔偿停工、窝工等损失的理由（　　）。

A. 发包方未按照约定的时间和要求提供原材料

B. 发包方未按约定提供设备

C. 发包方或总包单位未按时提供场地

D. 发包方未按约定提供施工许可证

32. 目前，国家统一建设工程质量的验收标准为（　　）。

A. 优良　　　　　　B. 合格　　　　　　C. 优秀　　　　　　D. 优质工程

33. 在正常使用条件下，装饰工程的最低保修期限为（　　）年。

A. 1　　　　　　　B. 2　　　　　　　C. 5　　　　　　　D. 10

34. 建设工程的保修期，自（　　）计算。

A. 实际竣工之日　　　　　　　　　B. 验收合格之日

C. 提交结算资料之日　　　　　　　D. 提交竣工验收报告之日

35. 建设工程质量不符合约定是指由建筑施工企业承建的工程质量不符合《建设工程施工合同》等书面文件对工程质量的具体要求，这些具体要求必须（　　）国家对于建设工程质量的规定，否则"约定"无效。

A. 等于或者高于　　B. 等于　　　　　C. 高于　　　　　　D. 低于

36. 发包方不得（　　）建筑施工企业使用不合格的建筑材料、建筑构配件和设备。

A. 强行要求　　　　B. 明示或者暗示　C. 明示　　　　　　D. 暗示

37. 下列关于工程质量处理原则应予支持的是（　　）。

A. 因承包人的过错造成建设工程质量不符合约定，承包人拒绝修理、返工，或者改建，发包人请求减少支付工程价款的

B. 建设工程未经竣工验收，发包人擅自使用后，又以使用部分质量不符合约定为由主张权利的

C. 承包人请求按照竣工结算文件结算工程价款的

D. 当事人对垫资利息无约定，承包人请求支付利息

38. 因施工方的原因致使建设工程质量不符合约定的，发包人有权要求施工人在合理期限内无偿修理或者（　　）。

A. 返工、改建　　　　　　　　　　B. 返工

C. 改建　　　　　　　　　　　　　D. 退还全部价款

39. 下列哪项属于建筑施工企业所承包的工程按照建设工程施工合同所规定的施工内容全部完工后提交的资料（　　）。

A. 开工报告　　　　　　　　　　　B. 中期付款证书

C. 工程量月报　　　　　　　　　　D. 竣工结算

40. 下列不属于竣工结算编制的依据有（　　）。

A. 施工承包合同及补充协议　　　　B. 设计施工图及竣工图

C. 现场签证记录　　　　　　　　　D. 未确定的甲方口头指令

41. 建设工程经竣工验收不合格的，修复后的建设工程经竣工验收不合格，承包人请求支付工程价款的（　　）。

A. 应予支持　　　　　　　　　　　B. 不予支持

C. 协商解决　　　　　　　　　　　D. 采用除 A、B、C 外的其他方式

42. 以下（　　）不属于优先受偿权的范围。

A. 酒店　　　　　　B. 厂房　　　　　C. 学校、医院　　　D. 写字楼

43. 在生产、作业中违反有关安全管理的规定，因而发生重大伤亡事故或者造成其他严重后果的，处（　　）；情节特别恶劣的，处三年以上七年以下有期徒刑。

A. 处三年以下有期徒刑或者拘役　　B. 处五年以下有期徒刑或拘役

C. 处两年以下有期徒刑或拘役　　　D. 处三年以上五年以下有期徒刑

44. 建设单位、设计单位、施工单位、工程监理单位违反国家规定，降低工程质量标准，造成重大安全事故的，构成（　　　）。

    A. 重大责任事故罪

    B. 重大劳动安全罪

    C. 工程重大安全事故罪

    D. 工程重大质量事故罪

45. 下列不属于建筑施工企业刑事风险的特点的是（　　　）。

    A. 建筑业从业人员素质低

    B. 资质挂靠现象多

    C. 低价投标、分包转包普遍

    D. 串标现象多

46. 下列哪一项行为不属于建设单位进行责令改正，处 20 万元以上 50 万元以下的罚款（　　　）。

    A. 迫使承包方以低于成本的价格竞标的

    B. 任意压缩合理工期的

    C. 未按照国家规定办理工程质量监督手续的

    D. 以上三项均不属于

47. 建筑物、构筑物或者其他设施及其搁置物、悬挂物发生脱落、坠落造成他人损害，下列描述正确的是（　　　）。

    A. 所有人、管理人或者使用人不能证明自己没有过错的，应当承担侵权责任。所有人、管理人或者使用人赔偿后，有其他责任人的，有权向其他责任人追偿

    B. 所有人、管理人或者使用人应当承担侵权责任

    C. 所有人应当承担侵权责任

    D. 使用人应当承担侵权责任

48. 建筑施工单位和危险物品的生产、经营、储存单位，应当设置安全生产管理机构或者配备专职安全生产管理人员。从业人员超过（　　　），应当设置安全生产管理机构或者配备专职安全生产管理人员。

    A. 200 人

    B. 300 人

    C. 400 人

    D. 500 人

49. 下列选项不正确的是（　　　）。

    A. 隐蔽工程在隐蔽以前，承包人应当通知发包人检查。发包人没有及时检查的，承包人可以顺延工程日期，并有权要求赔偿停工、窝工等损失

    B. 建设工程竣工后，发包人应当根据施工图纸及说明书、国家颁发的施工验收规范和质量检验标准及时进行验收。验收合格的，发包人应当按照约定支付价款，并接收该建设工程

    C. 建设工程竣工经验收合格后，方可交付使用；未经验收或者验收不合格的，不得交付使用

    D. 因建设工程超过设计使用年限造成人身和财产损害的，承包人应当承担损害赔偿责任

50. 招标人应当确定投标人编制投标文件所需要的合理时间；但是，依法必须进行招标的项目，自招标文件开始发出之日起至投标人提交投标文件截止之日止，最短不得少于（　　　）。

    A. 二十日

    B. 三日

    C. 十五日

    D. 五日

二、多项选择题

1. 建设法规的调整对象，即发生在各种建设活动中的社会关系，包括（　　）。

A. 建设活动中的行政管理关系　　　　B. 建设活动中的经济协作关系

C. 建设活动中的财产人身关系　　　　D. 建设活动中的民事关系

E. 建设活动中的人身关系

2. 建设活中的行政管理关系，是国家及其建设行政主管部门同（　　）及建设监理等中介服务单位之间的管理与被管理关系。

A. 建设单位　　　　　　　　　　　　B. 劳务分包单位

C. 施工单位　　　　　　　　　　　　D. 建筑材料和设备的生产供应单位

E. 设计单位

3. 我国建设法规体系由以下哪些层次组成（　　）。

A. 建设行政法规　　　　　　　　　　B. 地方性建设法规

C. 建设部门规章　　　　　　　　　　D. 建设法律

E. 宪法

4. 以下法规属于建设法律的是（　　）。

A.《建筑法》　　　　　　　　　　　　B.《招标投标法》

C.《城乡规划法》　　　　　　　　　　D.《建设工程质量管理条例》

E.《建设工程安全生产管理条例》

5. 下列属于违法分包的是（　　）。

A. 总承包单位将建设工程分包给不具备相应资质条件的单位

B. 建设工程总承包合同中未有约定，又未经建设单位认可，承包单位将其承包的部分建设工程交由其他单位完成

C. 施工总承包单位将建设工程主体结构的施工部分分包给其他单位

D. 分包单位将其承包的建设工程再分包的

E. 总承包单位将建设工程分包给具备相应资质条件的单位

6. 以下关于建筑工程竣工验收的相关说法中，正确的是（　　）。

A. 交付竣工验收的建筑工程，必须符合规定的建筑工程质量标准

B. 建设单位同意后，可在验收前交付使用

C. 竣工验收是全面考核投资效益、检验设计和施工质量的重要环节

D. 交付竣工验收的建筑工程，需有完整的工程技术经济资料和经签署的工程保修书

E. 建筑工程竣工验收，应由施工单位组织，并会同建设单位、监理单位、设计单位实施

7.《建筑法》规定，交付竣工验收的建筑工程必须（　　）。

A. 符合规定的建筑工程质量标准

B. 有完整的工程技术经济资料和经签署的工程保修书

C. 具备国家规定的其他竣工条件

D. 在建筑工程竣工验收合格后，方可交付使用

E. 未经验收或者验收不合格的，不得交付使用

8. 生产经营单位安全生产保障措施由（　　　）组成。

A. 经济保障措施　　　　　　　　　　　B. 技术保障措施

C. 组织保障措施　　　　　　　　　　　D. 法律保障措施

E. 管理保障措施

9. 下列属于生产经营单位的安全生产管理人员职责是（　　　）。

A. 对检查中发现的安全问题，应当立即处理；不能处理的，应当及时报告本单位有关负责人

B. 及时、如实报告生产安全事故

C. 检查及处理情况应当记录在案

D. 督促、检查本单位的安全生产工作，及时消除生产安全事故隐患

E. 根据本单位的生产经营特点，对安全生产状况进行经常性检查

10. 下列岗位中，属于安全设施、设备的质量负责的岗位是（　　　）。

A. 对安全设施的设计质量负责的岗位

B. 对安全设施的竣工验收负责的岗位

C. 对安全生产设备质量负责的岗位

D. 对安全设施的进厂检验负责的岗位

E. 对安全设施的施工负责的岗位

11. 下列关于黑白合同的表述正确的是（　　　）。

A. 是当事人就用一建设工程签订的两份或两份以上的合同

B. 是当事人就不同的建设工程签订两份或两份以上的合同

C. 黑白合同的实质性内容存在差异

D. 白合同是指经过招投标流程并经备案的合同；黑合同是实际履行并对白合同实质性内容进行重大变更的合同

E. 黑白合同是承发包双方责任、利益对等的合同

12. 证据的特征具有（　　　）。

A. 客观性　　　　　　　　B. 关联性　　　　　　　　C. 合法性

D. 时效性　　　　　　　　E. 因果性

13. 依据证据的来源分类可分为（　　　）。

A. 本证　　　　　　　　　B. 原始证据　　　　　　　C. 传来证据

D. 反证　　　　　　　　　E. 直接证据

14. 下列属于证据种类的有（　　　）。

A. 当事人陈述　　　　　　B. 原始证据　　　　　　　C. 传来证据

D. 书证　　　　　　　　　E. 物证

15. 工程量签证的法律性质（　　　）。

A. 协议　　　　　　　　　B. 补充合同

C. 对工程量的确认　　　　D. 确认后可进行撤销

E. 索赔

16. 下列属于施工单位工程索赔的有（　　　）。

A. 工程量索赔　　　　　　B. 工期索赔　　　　　　　C. 损失索赔

D. 工程价款索赔　　　　　　E. 质量索赔

17. 工程索赔说法正确的是（　　　）。

A. 仅为费用索赔

B. 索赔的前提是未按合同约定履行义务

C. 必须在合同中约定的期限内提出

D. 索赔时要有确凿、充分的证据

E. 仅为工期索赔

18. 当事人对建设工程实际竣工日期产生争议的，竣工日期如何确定（　　　）。

A. 建设工程经验收合格的，以验收合格之日为竣工日期

B. 施工方已提交竣工验收报告，发包人拖延验收，以提交验收报告之日为竣工日期

C. 建设工程未经竣工验收，发包人擅自使用的，以转移占有建设工程之日为竣工日期

D. 竣工验收报告中最后一家单位盖章日为竣工日期

E. 上述四项均对

19. 施工单位提出工期索赔的目的为（　　　）。

A. 实现项目的盈利

B. 免去或推卸工期延长的合同责任，规避工期罚款

C. 因工期延长而造成的费用损失的索赔

D. 延长工期

E. 加速施工，确保工期内完成施工

20. 影响建设工程质量的主要因素有（　　　）。

A. 物的因素　　　　　　B. 人的因素　　　　　　C. 环境的因素

D. 业主因素　　　　　　E. 社会因素

21. 下列属于影响建设工程质量因素中人的因素有（　　　）。

A. 业主　　　　　　　　B. 施工单位　　　　　　C. 施工工艺

D. 设计单位　　　　　　E. 人工降雨

22. 因施工人的原因致使建设工程质量不符合约定的，发包人有权要求施工人在合理期限内（　　　）。

A. 无偿修理　　　　　　B. 返工　　　　　　　　C. 解除合同

D. 改建　　　　　　　　E. 赔偿索赔

23. 当事人对建设工程付款时间没有约定或者约定不明的，下列时间视为应付款时间（　　　）。

A. 建设工程已实际交付的，为交付之日

B. 建设工程没有交付的，为提交竣工结算文件之日

C. 建设工程未交付，工程价款也未结算的，为当事人起诉之日

D. 建设工程竣工之日

E. 以上四项均对

24. 建筑施工企业刑事风险可从以下方面进行防范（　　　）。

A. 严格按技术要求、标准施工

B. 建立、健全安全生产责任制度

C. 市场竞争中，规范经营、遵章守法

D. 加强对农民工的技能培训

E. 加强对转分包单位的管控

25. 下列表述正确的有（　　）。

A. 建筑工程总承包单位按照总承包合同的约定对建设单位负责

B. 分包单位按照分包合同的约定对总承包单位负责

C. 总承包单位和分包单位就分包工程对建设单位承担连带责任

D. 分包单位按照分包合同直接向建设单位负责

E. 分包单位按照分包合同直接向监理单位负责

26. 施工单位施工为合格的工程，需按照以下哪些项标准施工（　　）。

A. 设计图纸标准　　　　　B. 业主要求　　　　　C. 国家统一验收规范

D. 监理要求　　　　　　　E. 企业标准

27. 建设单位未取得施工许可证或者开工报告未经批准，擅自施工的，可进行下述哪些处理（　　）。

A. 责令停止施工

B. 限期改正

C. 处工程合同价款百分之一以上百分之二以下的罚款

D. 没收违法所得

E. 吊销营业执照

28. 招标人在招标文件中要求投标人提交投标保证金的，下列描述投标保证金错误的有（　　）。

A. 投标保证金不得超过招标项目估算价的 2%

B. 投标保证金不得超过 80 万元

C. 投标保证金不得超过招标项目估算价的 10%

D. 投标保证金不得超过 50 万元

29. 下列财产不得抵押的有（　　）。

A. 土地所有权

B. 耕地、宅基地、自留地、自留山等集体所有的土地使用权，但法律规定可以抵押的除外

C. 学校、幼儿园、医院等以公益为目的的事业单位、社会团体的教育设施、医疗卫生设施和其他社会公益设施

D. 国有企业单位

三、判断题

1. 省、自治区、直辖市以及省会城市、自治区首府、地级市均有立法权。　　（　　）

2. 在我国的建设法规的五个层次中，法律效力的层级是上位法高于下位法，具体表现为：建设法律→建设行政法规→建设部门规章→地方性建设法规→地方建设规章。

（　　）

3. 《建筑法》的立法目的在于加强对建筑活动的监督管理，维护建筑市场秩序，保证建筑工程的质量和安全，促进建筑业健康发展。（　　）

4. 建筑业企业资质，是指建筑业企业的建设业绩、人员素质、管理水平、资金数量、技术装备的总称。（　　）

5. 施工总承包企业可以对承接的施工总承包工程内各专业工程全部自行施工，也可以将专业工程或劳务作业依法分包给其他专业承包企业或劳务分包企业。（　　）

6. 建筑工程施工总承包二级企业可以承担高度200m及以下的工业、民用建筑工程。（　　）

7. 市政公用工程施工总承包三级企业可承担城市道路工程（不含快速路）；单跨25m及以下的城市桥梁工程。（　　）

8. 甲建筑施工企业的企业资质为二级，近期内将完成一级的资质评定工作，为了能够承揽正在进行招标的建筑面积20万m² 的住宅小区建设工程，甲向有合作关系的一级建筑施工企业借用资质证书完成了该建筑工程的投标，甲企业在工程中标后取行一级建筑施工企业资质，则甲企业对该工程的中标是有效的。（　　）

9. 生产经营单位使用的涉及生命安全、危险性较大的特种设备，应经国务院指定的检测、检验机构检测、检验合格后，方可投入使用。（　　）

10. 生产经营单位安全生产保障措施由组织保障措施、管理保障措施、经济保障措施、人员保障措施共四部分组成。（　　）

11. 建设工程进度控制的总目标是建设工期。（　　）

12. 隐蔽工程在隐蔽以前，建筑施工企业应当通知发包方检查。发包方没有及时检查的，建筑施工企业可直接进行隐蔽，进行下道工序的施工。（　　）

13. 影响建设工程质量中物的影响因素即为材料的因素。（　　）

14. 因承包人过错造成建设工程质量不符合约定，承包人拒绝修理、返工或改建，发包人可拒绝支付工程款。（　　）

15. 建设工程未经竣工验收，发包人擅自使用后发现存在质量问题可要求承包人承担违约责任。（　　）

16. 当事人对欠付工程价款利息计付标准有约定的，按照约定处理；没有约定的，按照中国人民银行发布的同期同类贷款利率计息。（　　）

17. 如果违约金约定过高，违约方可请求酌情降低违约金数额。（　　）

18. 优先受偿的建设工程价款包括承包人应当支付的工作人员报酬、材料款、实际支出的费用及违约金。（　　）

19. 在经济往来中，违反国家规定，给予国家工作人员以财物，数额较大的，或者违反国家规定，给予国家工作人员以各种名义的回扣、手续费的，以行贿论处。（　　）

20. 因被勒索给予国家工作人员以财物，没有获得不正当的利益，以行贿论处。（　　）

21. 施工单位应当依法取得相应等级的资质证书，取得资质证书后，可随意承揽工程。（　　）

22. 建设工程在保修范围和保修期内发生质量问题的，施工单位应当履行保修义务，并对造成的损失承担赔偿责任。（　　）

23. 在正常使用条件下，屋面防水工程、有防水要求的卫生间、房间和外墙面的防渗漏，最高保修期限为 5 年。（　　）

24. 建设工程不合格造成的损失，发包人有过错的，也应承担相应的民事责任。

（　　）

25. 从建筑物中抛掷物品或者从建筑物上坠落的物品造成他人损害，难以确定具体侵权人的，除能够证明自己不是侵权人的外，由可能加害的建筑物使用人给予补偿。（　　）

三、参考答案

第 1 章

一、单项选择题

1. A；2. C；3. B；4. B；5. A；6. B；7. B；8. D；9. B；10. B

二、多项选择题

1. ABC；2. ABDE；3. ABD；4. BCE；5. ABCE；6. BD；7. BCD；8. CE；9. BE；10. ABDE

三、判断题（A 表示正确，B 表示错误）

1. B；2. A；3. A；4. B；5. B；6. B；7. A；8. B；9. B；10. B

第 2 章

一、单项选择题

1. B；2. C；3. C；4. C；5. A；6. D；7. B；8. C；9. D；10. B；11. C；12. A；13. B；14. B；15. A；16. B；17. B；18. A；19. C；20. C

二、多项选择题

1. CD；2. ABE；3. BCE；4. ACE；5. BCDE；6. ABE；7. ABCE；8. BCD；9. BDE；10. ACDE；11. ABDE；12. ACDE；13. BCD；14. BDE；15. BCDE；16. ABD；17. ABDE；18. ABD；19. BCE；20. ADE

三、判断题（A 表示正确，B 表示错误）

1. B；2. A；3. A；4. B；5. B；6. A；7. B；8. B；9. A；10. A；11. B；12. A；13. A；14. B；15. B；16. B；17. A；18. A；19. A；20. B

第 3 章

一、单项选择题

1. B；2. B；3. B；4. C；5. A；6. D；7. D；8. D；9. A；10. C；11. C；12. C；13. B；
14. D；15. D；16. D；17. C；18. D；19. C；20. C；21. A；22. C；23. B；24. B；25. D；
26. D；27. A；28. B；29. D；30. D；31. C；32. C；33. C；34. A；35. C；36. B；37. B；
38. D；39. A；40. C

二、多项选择题

1. ACE；2. BCD；3. BCDE；4. ABCD；5. BCD；6. ABCD；7. ACD；8. BCE；
9. ACD；10. ABCD

三、判断题（A 表示正确，B 表示错误）

1. A；2. B；3. B；4. A；5. B；6. A；7. B；8. A；9. B；10. A；11. A；12. A；13. B；
14. B；15. A；16. A；17. A；18. B；19. B；20. B；21. B

四、案例题

1. A；2. A；3. A；4. C；5. A；6. ADE

第 4 章

一、单项选择题

1. D；2. C；3. D；4. D；5. D；6. D；7. C；8. C；9. B；10. A；11. D；12. D；13. D；
14. B；15. A；16. C；17. D；18. C；19. C；20. A；21. D；22. A；23. B；24. B；25. D；
26. A；27. B；28. B；29. D；30. B；31. A；32. B；33. C；34. B；35. B；36. D；37. A；
38. A；39. B；40. A；41. B；42. C；43. C；44. C；45. D；46. C；47. D；48. A

二、多项选择题

1. ABCE；2. ABDE；3. ABC；4. ABE；5. ABCE；6. ABCD；7. ABCD；8. ABCD；
9. ABCD；10. ACE；11. ACDE；12. ABC；13. ABCD；14. ABCD；15. ABCD；
16. ABCD；17. ABCD；18. ABE；19. BC；20. ACDE；21. ABCE

三、判断题（A 表示正确，B 表示错误）

1. B；2. B；3. B；4. B；5. A；6. A；7. A；8. B；9. A；10. A；11. B；12. A；13. B；
14. A；15. A；16. A；17. A；18. A；19. A；20. A；21. B；22. B；23. B；24. A

第 5 章

一、单项选择题

1. C；2. B；3. C；4. C；5. D；6. B；7. D；8. D；9. C；10. B；11. C；12. B；13. D；14. B；15. B；16. A；17. D；18. A；19. B；20. A；21. B；22. B；23. C；24. D；25. B；26. D；27. D；28. A；29. B；30. D；31. C；32. C；33. B；34. D；35. C；36. A；37. D；38. C；39. B；40. C；41. C；42. D；43. A；44. C；45. C；46. C；47. B；48. C；49. C；50. D；51. B；52. D；53. B；54. A；55. C；56. C；57. C；58. C；59. B；60. C；61. C；62. A；63. A；64. C；65. D；66. D；67. D；68. A；69. B；70. C；71. A；72. D；73. B；74. C；75. A；76. C；77. D；78. A；79. B；80. C；81. C；82. D；83. B

二、多项选择题

1. ABC；2. ABCD；3. ABCD；4. ABCD；5. AB；6. BCDE；7. ACD；8. ABCD；9. BDE；10. ABCE；11. DE；12. ABDE；13. AD；14. BCDE；15. ABC；16. ABD；17. ABCD；18. ABDE；19. ABCE；20. BCDE；21. AB；22. ACD；23. ABCD；24. ABD；25. ABE；26. ABCD；27. ABCD；28. ACDE；29. CDE；30. ABC

三、判断题 (A 表示正确，B 表示错误)

1. A；2. A；3. A；4. B；5. B；6. A；7. B；8. A；9. B；10. B；11. B；12. A；13. B；14. A；15. A；16. B；17. A；18. A；19. B；20. A；21. A；22. B；23. B；24. A；25. A；26. B；27. A；28. A；29. A；30. B；31. A；32. B；33. A；34. B；35. A；36. A；37. B；38. A；39. B；40. A；41. B；42. B；43. B；44. B；45. A；46. B；47. A；48. A；49. A；50. A；51. B；52. A；53. B；54. A；55. B

第 6 章

一、单项选择题

1. C；2. A；3. B；4. D；5. B；6. D；7. B；8. A；9. A；10. A；11. D；12. B

二、多项选择题

1. ABCD；2. ABCD；3. ABCD；4. ABCD；5. ABE；6. ABCD；7. ACDE；8. ABCD

三、判断题 (A 表示正确，B 表示错误)

1. A；2. A；3. A；4. A

四、案例题

1. B；2. A；3. B；4. D；5. D；6. CE

第 7 章

一、单项选择题

1. D；2. A；3. A；4. A

二、多项选择题

1. ABCE；2. ABCD；3. ABCD

三、判断题（A 表示正确，B 表示错误）

1. A；2. A；3. A

四、案例题

1. A；2. A；3. B；4. D；5. B；6. ABDE

第 8 章

一、单项选择题

1. B；2. A；3. D；4. B；5. C；6. D；7. A；8. C；9. D；10. D

二、多项选择题

1. BE；2. ABC；3. ABC；4. BD；5. CE；6. ABD

三、判断题（A 表示正确，B 表示错误）

1. A；2. B；3. A；4. B；5. B；6. A；7. B；8. B；9. A

第 9 章

一、单项选择题

1. C；2. B；3. D；4. C；5. A；6. A；7. B；8. A；9. A；10. D；11. B；12. C；13. D；
14. A；15. D；16. A；17. A；18. B；19. C；20. D；21. B；22. D；23. C；24. D；25. C；
26. A；27. B；28. D；29. A；30. A；31. D；32. B；33. B；34. B；35. A；36. B；37. A；
38. A；39. D；40. D；41. B；42. C；43. A；44. C；45. D；46. D；47. A；48. B；
49. D；50. A

二、多项选择题

1. ABD；2. ACDE；3. ABCD；4. ABC；5. ABCD；6. ACD；7. ABC；8. ABCE；

9. ACE；10. ABCE；11. ACD；12. ABC；13. BC；14. ADE；15. ABC；16. ABCD；
17. BCD；18. ABC；19. BC；20. ABC；21. ABCD；22. ABD；23. ABC；24. ABCD；
25. ABC；26. AC；27. ABC；28. BCD；29. ABC

三、判断题（A 表示正确，B 表示错误）

1. B；2. A；3. A；4. A；5. B；6. A；7. A；8. B；9. B；10. B；11. A；12. B；13. B；
14. B；15. B；16. A；17. A；18. B；19. A；20. B；21. A；22. A；23. B；24. A；25. A

第二部分

专业管理实务

一、考 试 大 纲

第1章 装饰装修相关的管理规定和标准

1.1 建筑工程质量管理法规、规定

（1）实施工程建设强制性标准监督检查的内容、方式及违规处罚的规定
（2）房屋建筑工程和市政基础设施工程竣工验收备案管理的规定
（3）建筑工程专项质量检测、见证取样检测的业务内容的规定

1.2 建筑工程施工质量验收标准和规范

（1）建筑工程质量验收的划分、合格判定以及质量验收的程序和组织的要求
（2）一般装饰工程（含门窗工程）质量验收的要求
（3）屋面及防水工程质量验收的要求
（4）建筑地面工程施工质量验收的要求
（5）民用建筑工程室内环境污染控制的要求
（6）建筑内部装修防火施工及质量验收的要求
（7）建筑节能工程施工质量验收的要求

第2章 施工项目的质量管理

2.1 施工项目质量管理及控制体系

（1）施工项目质量管理
（2）施工项目质量控制体系

2.2 施工项目质量控制和验收的方法

（1）施工项目质量控制的原则
（2）质量控制依据和影响质量目标因素的控制
（3）施工质量的验收方法

2.3 ISO 9000 质量管理体系

（1）ISO 标准由来
（2）GB/T 19001—2008 标准的解读

（3）ISO 9000 质量管理体系

（4）装饰装修工程质量管理中实施 ISO 9000 标准的意义

2.4　施工项目质量的政府监督

2.5　施工项目质量问题的分析与处理

（1）施工项目质量问题原因

（2）施工项目质量问题调查分析

（3）质量问题不作处理的论证

（4）质量问题处理的鉴定

第3章　工程质量管理的基本知识

3.1　工程质量管理的概念和特点

3.2　质量控制体系的组织框架

3.3　吊顶、隔墙、地面、幕墙等分部分项工程的施工质量控制流程

（1）吊顶工程施工质量控制流程

（2）轻质隔墙工程现场施工质量控制流程

（3）饰面板（砖）工程现场施工质量控制

（4）地面工程现场施工质量控制流程

（5）幕墙工程施工质量控制流程

第4章　工程质量控制的方法

4.1　影响建筑装饰工程质量的主要因素

4.2　建筑装饰工程质量控制的基本环节

4.3　建筑装饰工程施工准备阶段质量控制

（1）施工技术准备工作的质量控制

（2）现场施工准备工作的质量控制

4.4　装饰工程施工阶段的质量控制

（1）装饰工序施工质量控制

（2）装饰工程施工作业质量的自控

（3）施工质量的监控

（4）隐蔽工程验收与成品质量保护

4.5　设置装饰工程施工的质量控制点的原则和方法

（1）质量控制点的设置原则

（2）质量控制点的重点控制对象

第5章　施工质量计划的内容和编制方法

5.1　施工质量计划的形式和内容

5.2　施工质量计划的编制和审批

第6章　装饰工程质量问题的分析、预防及处理方法

6.1　施工质量问题的分类与识别

6.2　形成质量问题的原因分析

6.3　施工质量事故预防的具体措施

6.4　质量问题的处理方法

6.5　装饰装修工程中常见的质量问题

第7章　参与编制施工项目质量计划

7.1　施工质量的影响因素及质量管理原则

（1）施工质量的影响因素

（2）施工质量的管理原则

7.2　建筑装饰装修工程的子分部工程、分项工程划分

7.3　建筑装饰装修工程检验批划分

7.4　施工项目质量计划编写

第8章　建筑装饰材料的评价

8.1　石材及石材制品

（1）天然石材

（2）复合石材

（3）人造石材

（4）示例：天然花岗石的检查评价

8.2　木材及木制品

（1）人造木板

（2）实木地板

（3）人造木地板

（4）示例：细木工板的检查评价

8.3　玻璃及玻璃制品

8.4　金属及金属制品

（1）建筑用轻钢龙骨

（2）铝合金型材

8.5　建筑陶瓷材料

（1）陶瓷砖

（2）陶瓷卫生产品

8.6　建筑胶粘剂

8.7　无机胶凝材料

（1）水泥

（2）石灰

（3）石膏板

（4）示例：纸面石膏板

8.8　装饰织物

8.9　五金材料

（1）机械性能

（2）拉伸的应力及阶段

(3) 工艺性能
(4) 化学性能

8.10　防水材料

8.11　建筑涂料

(1) 木器涂料
(2) 内墙涂料
(3) 外墙涂料
(4) 其他装饰材料
(5) 塑料装饰板材
(6) 塑料壁纸

第9章　施工试验结果的判断

9.1　室内防水工程蓄水试验

9.2　外墙饰面砖粘结强度检验

(1) 预制墙板饰面砖要求
(2) 现场粘贴外墙饰面砖要求
(3) 粘结强度检验评定

9.3　饰面板安装工程预埋件的现场拉拔强度试验

9.4　饰面板安装工程钢材焊接缝质量焊缝质量检验

9.5　幕墙"三性"试验

第10章　施工图识读、绘制的基本知识

10.1　制图的基本知识

(1) 投影
(2) 平面、立面、剖面图
(3) 绘制工程图

10.2　建筑装饰设计的基本程序

(1) 设计文件概述

(2) 方案设计图

(3) 施工图设计

10.3　施工图的基本知识

(1) 房屋建筑工程施工图的组成、作用及表达的内容

(2) 建筑装饰工程施工图的组成、作用、表达的内容及图示特点

10.4　施工图的图示方法及内容

(1) 平面布置图的图示方法及内容

(2) 楼地面布置图的图示方法及内容

(3) 顶面布置图的图示方法及内容

(4) 立面图的图示方法及内容

(5) 详图、节点图、剖面图的图示方法及内容

(6) 施工图的识读

(7) 现场深化设计

第11章　建筑装饰工程施工质量控制点的确定

11.1　室内防水子分部工程

11.2　门窗分项工程

11.3　吊顶分项工程

11.4　饰面板（砖）工程

11.5　楼、地面分项工程

11.6　轻质隔墙分项工程

11.7　涂饰分项工程

11.8　裱糊及软装分项工程

11.9　细部分项工程

11.10　幕墙子分部工程

13.2　实施对检验批和分项工程的检查验收评定

13.3　填写检验批和分项工程质量验收记录表

13.4　验收吊顶、轻质隔墙、饰面板（砖）等分部分项工程中的隐蔽工程

13.5　协助验收、评定分部工程和单位工程的质量

第14章　工程质量缺陷的识别、分析与处理

14.1　装饰工程质量问题分类、质量通病、分析与处理

（1）建设工程质量问题分类
（2）装饰工程常见的质量通病
（3）质量问题的原因分析
（4）质量问题的处理方法

14.2　室内防水分项工程

14.3　门窗分项工程

14.4　吊顶分项工程

14.5　饰面板（砖、石材）分项工程

14.6　楼、地面分项工程

14.7　轻质隔墙分项工程

14.8　涂饰分项工程

14.9　裱糊及软（硬）包分项工程

14.10　细部分项工程

第15章　参与调查、分析质量事故、提出处理意见

15.1　防水工程的质量缺陷、产生原因

15.2 顶面工程的质量缺陷、产生原因

15.3 墙面工程的质量缺陷、产生原因

15.4 地面工程的质量缺陷、产生原因

15.5 门窗工程的质量缺陷、产生原因

15.6 幕墙工程的质量缺陷、产生原因

15.7 水电工程的质量缺陷、产生原因

第16章 编制、收集、整理质量资料

16.1 编制、收集、整理工程质量资料要求

16.2 编制、收集、整理隐蔽工程的质量验收单

16.3 编制、汇总检验批、分项工程的检查验收记录

16.4 收集原材料的质量证明文件、复验报告

16.5 收集分部工程、单位工程的验收记录

第17章 建筑装饰工程的衡量标准

17.1 项目的合法性

17.2 项目的安全性

17.3 项目的先进性

17.4 项目的追溯性

17.5 项目的创新性

二、习　　题

第1章　装饰装修相关的管理规定和标准

一、单项选择题

1. 建设过程的最后一环是（　　），是投资转入生产或使用成果的标志。

A. 竣工验收　　　　B. 生产准备　　　　C. 建设准备　　　　D. 后评价阶段

2. 根据我国相关文件规定，质量验收的基本单元是（　　）。

A. 分项工程　　　B. 检验批　　　C. 检验批和分项工程　　D. 分部工程

3. 工程质量的验收均应在（　　）自行检查评定的基础上进行。

A. 劳务单位　　　B. 分包单位　　　C. 总包单位　　　　D. 施工单位

4. 隐蔽工程在隐蔽前，应由（　　）通知有关单位进行验收，并形成验收文件。

A. 建设单位　　　B. 监理单位　　　C. 业主　　　　　　D. 施工单位

5. 主体结构工程应由（　　）组织进行验收。

A. 项目经理　　　　　　　　　　　B. 施工单位质量负责人

C. 设计负责人　　　　　　　　　　D. 总监理工程师

6. 单位工程完工后，（　　）应自行组织有关人员进行检查评定，并向建设单位提交工程验收报告。

A. 分包单位　　　B. 施工单位　　　C. 监理单位　　　D. 设计单位

7. 施工质量的隐蔽性主要是因为建筑产品生产过程（　　）。

A. 影响因素多　　　　　　　　　　B. 不可预见的因素多

C. 工序交接多、隐蔽工程多　　　　D. 质量满足的要求既有明示的、又有隐含的

8. 对于涂膜防水层平均厚度的测量方法可采取以下哪种方式（　　）。

A. 目测法

B. 切片法，现场割取 10mm×10mm 实样用直尺测量

C. 切片法，现场割取 20mm×20mm 实样用直尺测量

D. 切片法，现场割取 20mm×20mm 实样用卡尺测量

9. 对于室内防水工程涂膜防水层平均厚度的要求，以下哪种说法是正确的（　　）。

A. 涂膜总厚度不得低于 1.5mm，最小厚度不应小于设计值的 80%

B. 涂膜总厚度不得低于 1.5mm，最小厚度不应小于设计值的 70%

C. 涂膜总厚度不得低于 1.2mm，最小厚度不应小于设计值的 80%

D. 涂膜总厚度不得低于 1.2mm，最小厚度不应小于设计值的 70%

10. 对于管根平面与管根周围立面转角处防水处理方法，以下不正确的是（　　）。

A. 凡遇到阴、阳角处，要抹成半径不小于 5mm 的小圆弧

B. 管根与基层的交接部位，应预留宽环形凹槽，槽内应嵌密封材料

C. 使用胎体增强材料做防水增强处理，施工时，边铺贴平整，边涂刷防水涂料

D. 基层要求抹平压光无空鼓，表面要坚实，不应有起砂、掉灰现象

11. 下列哪项不是工程竣工验收合格前履约过程中收集的证据（　　）。

A. 施工许可证

B. 甲方要求暂停施工的证据

C. 施工配合等非乙方原因导致工期或质量问题的证据

D. 质量保修记录

12. 下列关于外墙防水工程各分项工程施工质量检验批数量的说法，错误的是（　　）。

A. 外墙面积每 500～1000m^2 为一个检验批

B. 每个检验批应不少于 3 处

C. 每个检验批每 100m^2 应至少抽查一处

D. 抽查每处不小于 20m^2

二、多项选择题

1. 建筑装饰施工，检验批应由监理工程师组织施工单位的（　　）等进行验收。

A. 施工操作者　　　　　　　　　　B. 专业工长

C. 项目专业质量负责人　　　　　　D. 项目专业技术负责人

E. 项目安全员

2. 民用建筑工程室内装修施工时，不应使用（　　）进行除油和清除旧油漆作业。

A. 苯　　　　　　　B. 甲苯　　　　　　　C. 二甲苯

D. 重质苯　　　　　E. 汽油

3. 装修材料进入施工现场后，按相关规范的规定，应在（　　）的监督下进行现场取样。

A. 施工单位　　　　B. 监理单位　　　　C. 检验单位

D. 建设单位　　　　E. 设计单位

4. 分项工程质量验收合格的规定是（　　）。

A. 所含的检验批均应符合合格的质量规定

B. 质量验收记录应完整

C. 质量控制资料应完整

D. 观感质量应符合要求

E. 主要功能项目应符合相关规定

5. 下列关于施工现场用电的说法，正确的有（　　）。

A. 暂停施工时可不切断电源

B. 临时施工供电开关箱中应装设漏电保护器

C. 进入开关箱的电源可以用插销连接

D. 安装临时施工用电系统，应由电工完成

E. 施工现场用电应从户表以后设立临时施工用电系统

6. 施工单位应按（　　　）施工，并应对施工全过程实行质量控制。

A. 有关的施工工艺标准　　　　　B. 经审定的施工技术方案

C. 有关的法律法规　　　　　　　D. 经审定的管理制度

E. 有关的施工企业要求

三、判断题

1. 民用建筑工程室内装修中，进行人造饰面木板拼接施工时，无论芯板采用何种材料，都应当对其断面及无饰面部位进行密封处理。（　　　）

2. 建筑工程内部装修可以局部影响消防设施的使用功能。（　　　）

3. 建筑装饰施工，检验批的质量应按非主控项目验收。（　　　）

4. 涂饰工程室内各分项工程检验批划分和检查数量按下列确定：同类涂料涂饰墙面每 50 间（大面积房间和走廊按涂饰面积 30m² 为一间）划分为一个检验批，不足 50 间也划分为一个检验批；每个检验批应至少抽查 10％，并不得少于 3 间，不足 3 间时应全数检查。（　　　）

5. 《钢结构工程施工质量验收规范》GB/T 50205 规定，对焊缝质量应进行检查和验收。焊接人员必须持有电工证方可进行焊接作业。（　　　）

6. 厕浴间装饰工程全部完成后，工程竣工前应进行二次蓄水试验。（　　　）

第2章　施工项目的质量管理

一、单项选择题

1. 住宅室内装饰装修活动中，属于允许行为的是（　　　）。

A. 拆除梁　　　　B. 减小承重柱尺寸　　C. 拆除轻质隔墙　　　　D. 在剪力墙上开洞

2. 根据施工内容和分包单位的变化，设计出阶段性施工平面图，并在阶段性进度目标开始实施前，通过施工协调会议确认后实施的图纸是（　　　）。

A. 施工总平面图　　　　　　　　B. 单项工程施工平面图

C. 单位工程施工平面图　　　　　D. 单位工程施工图

3. 施工现场管理的内容不包括（　　　）。

A. 建立施工现场管理组织　　　　B. 优化专业管理

C. 设计施工现场平面图　　　　　D. 建立文明施工场地

4. 施工现场管理的任务不包括（　　　）。

A. 全面完成生产计划规定的任务　　B. 优化专业管理

C. 设计施工平面图　　　　　　　　D. 搞好劳动组织和班组的建设

5. 装饰装修工程施工应加强（　　　）管理，降低物料和能源的消耗，减少生产储备和资金占用，不断降低生产成本。

A. 资金　　　　　B. 定额　　　　　C. 材料　　　　　　D. 技术

6. 对施工现场场容、文明形象管理做出总体策划和部署的部门是（　　　）。

A. 施工单位技术部门　　　　　　　B. 项目经理部

C. 施工班组   D. 分包单位

7. 在施工项目成本控制中，为降低材料费所采取的措施不包括（   ）。

A. 制定好材料采购的计划

B. 改进材料的采购、运输、保管等方面工作，减少各个环节的损耗

C. 定期对机械设备进行保养和维护

D. 合理堆放现场材料，避免和减少二次搬运和摊销损耗

8. 施工项目（   ）要素是施工项目管理的基本要素。

A. 技术   B. 资金   C. 组织   D. 生产

9. 施工项目的（   ）是一种特殊资源，是获取其他资源的基础。

A. 材料   B. 技术   C. 资金   D. 机械设备

10. 施工项目机械设备管理的关键环节是（   ）。

A. 选择   B. 使用   C. 保养   D. 更新

11. 施工项目资源管理的内容不包括（   ）。

A. 利润   B. 技术   C. 资金   D. 机械设备

12. 工作队式项目组织形式主要适用于（   ）。

A. 分包项目   B. 专业性强的项目   C. 小型项目   D. 大型项目

13. 事业部式项目组织形式适用于（   ）。

A. 专业性强的项目

B. 不涉及众多部门的项目

C. 承担多个需要进行项目管理工程的企业

D. 大型经营性企业的工程承包

14. 部门控制式项目组织形式一般适用于（   ）。

A. 复杂的项目   B. 专业性强的项目

C. 经营性项目   D. 大型项目

15. 分包单位与总承包单位签订分包合同，按照分包合同的约定应对（   ）负责。

A. 建设单位   B. 施工单位   C. 发包单位   D. 总承包单位

16. 目前，国家统一建设工程质量的验收标准为（   ）。

A. 优良   B. 合格   C. 优秀   D. 优质工程

二、多项选择题

1. 招标单位在编制标底时需考虑的因素包括（   ）。

A. 材料价格因素   B. 工程质量因素

C. 工期因素   D. 本招标工程资金来源因素

E. 本招标工程的自然地理条件和招标工程范围等因素

2. 施工图预算编制的依据有（   ）。

A. 初步设计或扩大初步设计图纸   B. 施工组织设计

C. 现行的预算定额   D. 基本建设材料预算价格

E. 概算

3. 下列属于措施项目费的有（   ）。

A. 环境保护费 B. 安全生产监督费

C. 临时设施费 D. 夜间施工增加费

E. 二次搬运费

4. 证据的特征包括（   ）。

A. 客观性 B. 关联性 C. 合法性

D. 时效性 E. 因果性

5. 下列关于总承包单位和分包单位的说法，正确的有（   ）。

A. 建筑工程总承包单位按照总承包合同的约定对建设单位负责

B. 分包单位按照分包合同的约定对总承包单位负责

C. 总承包单位和分包单位就分包工程对建设单位承担连带责任

D. 分包单位按照分包合同直接向建设单位负责

E. 分包单位按照分包合同直接向监理单位负责

6. 施工定额是建筑企业用于工程施工管理的定额，它由（   ）组成。

A. 时间定额 B. 劳动定额 C. 产量定额

D. 材料消耗定额 E. 机械台班使用定额

7. 下列属于建设单位施工合同履约风险的有（   ）。

A. 建设单位不按约定支付工程款

B. 甲供材料供应迟延

C. 建设单位应协调的分包单位完成时间迟延

D. 现场施工质量违反合同约定标准

E. 施工现场质量不合格

8. 建筑工程定额就是在正常的施工条件下，为完成单位合格产品所规定的消耗标准。即建筑产品生产中所消耗的人工、材料、机械台班及其资金的数量标准。建筑工程定额具有（   ）等特征。

A. 科学性 B. 指导性 C. 群众性

D. 稳定性 E. 不确定性

9. 下列关于黑白合同的说法，正确的有（   ）。

A. 是当事人就用一建设工程签订的两份或两份以上的合同

B. 是当事人就不同的建设工程签订两份或两份以上的合同

C. 黑白合同的实质性内容存在差异

D. 白合同是指经过招投标流程并经备案的合同；黑合同是实际履行并对白合同实质性内容进行重大变更的合同

E. 黑白合同是承发包双方责任、利益对等的合同

10. 下列属于施工单位工程索赔的有（   ）。

A. 工程量索赔 B. 工期索赔 C. 损失索赔

D. 工程价款索赔 E. 质量索赔

11. 施工单位提出工期索赔的目的为（   ）。

A. 实现项目的盈利

B. 免去或推卸工期延长的合同责任，规避工期罚款

C. 因工期延长而造成的费用损失的索赔

D. 延长工期

E. 加速施工，确保工期内完成施工

12. 施工阶段项目管理的任务，就是通过施工生产要素的优化配置和动态管理，以实现施工项目的（　　）管理目标。

A. 质量　　　　　　B. 成本　　　　　　C. 进度

D. 安全　　　　　　E. 环境

13. 下列关于质量控制与质量管理的说法，正确的有（　　）。

A. 质量控制就是质量管理，两者概念不同，实质相同

B. 质量控制是质量管理的一部分

C. 质量管理是质量控制的一部分

D. 质量控制是在明确的质量目标和具体的条件下通过行动方案和资源配置追求实现预期质量目标的系统过程

E. 质量管理是在明确的质量目标和具体的条件下通过行动方案和资源配置追求实现预期质量目标的系统过程

14. 影响建设工程项目质量的管理因素，主要是（　　）。

A. 决策因素　　　　B. 设计技术因素　　　　C. 建筑市场因素

D. 组织因素　　　　E. 经济因素

三、判断题

1. 在住宅室内装饰装修中，将没有防水要求的房间或者阳台改为卫生间是允许的。

（　　）

2. 建筑装饰装修工程与主体建筑工程共同发包时，由具备相应资质条件的建筑施工企业承包。

（　　）

3. 学校、幼儿园、医院等以公益为目的的事业单位、社会团体的教育设施、医疗卫生设施和其他社会公益设施不得进行财产抵押。

（　　）

4. 在同一区域放线，出现多种材料交接收口时，必须做到联合下单。　　（　　）

5. 措施项目是为完成工程项目施工，发生于该工程施工前和施工过程中技术、生活、安全等方面的非工程实体项目。

（　　）

6. 借助计算机建筑工程项目管理系统和网络技术，可以实现项目管理人员之间的数据传输和信息发布。

（　　）

7. 建筑装饰施工员应当掌握建筑装饰施工技术、施工组织与管理、建筑及装饰识图知识，熟悉常用的建筑及装饰材料、经营管理、施工测量放线、相关法律法规、工程项目管理和建筑设备（水、暖、电、卫等）安装基本知识，了解工程建设监理和其他相关知识。

（　　）

8. 隐蔽工程在隐蔽以前，建筑施工企业应当通知发包方检查。发包方没有及时检查的，建筑施工企业可直接进行隐蔽，进行下道工序的施工。

（　　）

9. 优先受偿的建设工程价款包括承包人应当支付的工作人员报酬、材料款、实际支出的费用及违约金。

（　　）

10. 建筑工程项目本身是一个复杂的系统，实施过程的各个阶段，既密切相关又有着不同的规律，要处理大量的信息，以满足错综复杂的目标要求。因此，对建筑工程项目实现动态、定量和系统化的管理与控制，可以系统来完成。（　　）

11. 质量管理就是建立和确定质量方针、质量目标及职责，并在质量管理体系中通过质量策划、质量控制、质量保证和质量改进等手段来实施和实现全部质量管理职能的所有活动。（　　）

12. 质量控制是质量管理的一部分，是致力于满足质量要求的一系列相关活动。（　　）

13. 施工单位可以通过向保险公司投保适当的险种，把质量风险全部或部分转移给保险公司。（　　）

14. 建筑工程项目的质量管理应贯彻"三全"管理的思想和方法，即全面质量管理、全过程质量管理、全员参与质量管理。（　　）

15. 质量管理的 PDCA 循环是指为实现预期目标，进行计划、实施、检查和处置活动，随着对存在问题的解决和改进，在一次一次的滚动循环中逐步上升，不断提高质量水平的过程。（　　）

16. 施工质量控制应贯彻全面、全员、全过程质量管理的思想，运用动态控制原理，进行质量的事前控制、事中控制和事后控制。（　　）

第3章　工程质量管理的基本知识

一、单项选择题

1. 下列关于观感质量验收的说法，错误的是（　　）。

A. 观感质量的验收应由参加验收的监理人员给出评价结果

B. 观感质量的验收以观察、触摸或简单量测的方式进行，并结合验收人的主观判断

C. 观感质量的验收结论一般以"好"、"一般"、"差"为质量评价结果

D. 观感质量的验收时，如质量评价结果为"差"的检查点应进行返修处理

2. 下列不属于单位工程观感质量验收的验收结论的是（　　）。

A. 好　　　　　　　B. 合格　　　　　　　C. 一般　　　　　　　D. 差

3. 下列分部工程验收过程中，需要设计单位项目负责人参加的是（　　）。

A. 主体结构和建筑节能　　　　　　B. 装饰装修和电梯

C. 建筑给水排水及供暖和通风与空调　　D. 建筑电气和智能建筑

4. 下列关于单位工程定义和划分的说法，错误的是（　　）。

A. 单位工程应具有独立的施工条件和能形成独立的使用功能

B. 单位工程可在施工前由建设、监理、施工单位商议确定

C. 一个单位工程往往由多个分部工程组成

D. 一个建设工程施工合同只能涉及一个单位工程

5. 下列关于工程施工质量的要求，说法正确的是（　　）。

A. "优良"是对项目质量的最高要求

B. 从成本角度考虑，国家不鼓励提高建设工程质量

C. "白玉兰奖"是国家建设主管部门设置的优质工程奖

D. "合格"是对项目质量的最基本要求

6. 施工质量要达到的最基本要求是通过施工形成的项目工程（　　）质量经检查验收合格。

A. 合同　　　　　B. 观感　　　　　C. 实体　　　　　D. 设计

7. 下列关于正式验收过程的主要工作说法，正确的是（　　）。

A. 实地检查工程外观质量

B. 对工程的使用功能进行逐个检查

C. 工程质量监督机构应签署验收意见

D. 对项目的经营情况进行盈亏平衡分析

8. 下列不属于施工单位的竣工验收准备工作内容的是（　　）。

A. 工程档案资料的验收准备

B. 设备的系统联动试运行

C. 管道安装工程的试压

D. 出具工程保修书

9. 施工质量验收包括施工过程的质量验收及工程项目竣工质量验收两个部分，下列属于竣工质量验收的是（　　）。

A. 检验批质量验收　　　　　　　　B. 分项工程质量验收

C. 分部工程质量验收　　　　　　　D. 单位工程质量验收

10. 下列条件中，可以按规定适当调整抽样复验、试验数量的有（　　）。

A. 同一项目中由相同施工单位施工的多个单位工程，使用同一厂家同批次的材料

B. 同一施工单位在现场加工的用于同一项目不同单位工程构配件

C. 同一项目针对同一抽样对象的既有检验成果

D. 同一项目中由不同施工单位施工的同一单位工程，使用不同厂家同品种材料

二、多项选择题

1. 下列质量验收过程需要对观感质量进行验收的有（　　）。

A. 工序质量验收　　　　　　　　　B. 检验批质量验收

C. 分项工程质量验收　　　　　　　D. 分部工程质量验收

E. 单位工程质量验收

2. 单位工程质量验收合格除所含分部工程的质量验收均应合格外，还应符合（　　）。

A. 质量控制资料应完整

B. 所含分部工程中有关安全、节能、环境保护和主要使用功能的检验资料应完整

C. 主要使用功能的抽查结果应符合相关专业验收规范的规定

D. 观感质量应符合要求

E. 专业监理工程师组织施工单位所进行竣工预验收质量合格

3. 单位工程质量验收，应由建设单位项目负责人组织（　　）等单位的项目负责人

进行。

    A. 监理   B. 设计   C. 施工

    D. 采购   E. 勘察

    4. 下列关于分部工程质量验收合格的规定，说法正确的有（   ）。

    A. 所含分项工程的质量均应验收合格

    B. 质量控制资料应完整

    C. 分部工程必须有设计、勘察单位共同参与

    D. 观感质量应符合要求

    E. 分部工程应由专业监理工程师组织

    5. 下列分项工程属于建筑装饰装修分部工程的有（   ）。

    A. 玻璃幕墙安装   B. 卫生器具安装   C. 基层铺设

    D. 外墙砂浆防水   E. 木结构的防护

三、判断题

    1. 建筑装饰装修属于分部工程，故建筑装饰装修分部质量验收时，需要勘察单位项目负责人参与验收。   （   ）

    2. 质量验收工作除指定人员参加外，不允许其他人员参与。   （   ）

    3. 施工单位技术负责人与施工单位质量负责人不允许是同一个人。 （   ）

    4. 观感质量验收的结论，检查结果一般给出的是"合格"或"不合格"的结论。

                                                            （   ）

    5. 建筑工程可以划分为十个分部，其中包括建筑装饰装修分部工程。 （   ）

第4章   工程质量的控制方法

一、单项选择题

    1. 施工作业活动是由一系列（   ）所组成的。

    A. 工艺   B. 工序   C. 工作   D. 工程

    2. 我国《建设工程质量管理条例》规定，国家实行建设工程质量监督管理制度。下列不属于施工质量的监控主体是（   ）。

    A. 建设单位   B. 监理单位   C. 设计单位   D. 行政单位

    3. 下列关于现场见证取样送检的说法，错误的是（   ）。

    A. 为了保证建设工程质量，我国规定对工程所使用的主要材料、半成品、构配件以及施工过程留置的试块、试件等应实行现场见证取样送检

    B. 见证人员由施工单位及工程监理机构中有相关专业知识的人员担任

    C. 送检的试验室应具备经国家或地方工程检验检测主管部门核准的相关资质

    D. 见证取样送检必须严格按执行规定的程序进行，包括取样见证记录、样本编号、填单、封箱、送试验室、核对、交接、试验检测、报告等

    4. 凡被后续施工所覆盖的施工内容，如（   ）等均属隐蔽工程。

A. 地基基础工程　B. 钢筋工程　　　　C. 预埋管线　　　　D. 混凝土工程

5. 凡属"见证点"的施工作业，如（　　）等，施工方必须在该项作业开始前 48h，书面通知现场监理机构到位旁站，见证施工作业过程。

A. 重要部位　　　B. 特种作业　　　C. 隐蔽工程　　　D. 专门工艺

二、多项选择题

1. 建设工程项目质量的影响因素，主要是指在建设工程项目质量目标策划、决策和实现过程中影响质量形成的各种客观因素和主观因素，包括（　　）等。

A. 人的因素　　　B. 技术因素　　　C. 管理因素

D. 环境因素　　　E. 经济因素

2. 影响建筑装饰工程项目质量的技术因素涉及的内容十分广泛，包括直接的工程技术和辅助的生产技术，前者如（　　）等。

A. 工程勘察技术　B. 试验技术　　　C. 设计技术

D. 材料技术　　　E. 施工技术

3. 根据《建筑工程施工质量验收统一标准》GB 50300—2013 的规定，建筑工程质量验收应逐级划分为（　　）。

A. 单位（子单位）工程　　　　　　B. 分部（子分部）工程

C. 分项工程　　　　　　　　　　　D. 检验批

E. 工序

4. 按有关施工验收规范规定，在装饰装修工程中，幕墙工程的下列工序质量必须进行现场质量检测，合格后才能进行下道工序（　　）。

A. 铝塑复合板的剥离强度检验

B. 石材的弯曲强度、室内用花岗石的放射性检测、寒冷地区石材的耐冻性

C. 玻璃幕墙用结构胶的邵氏硬度、标准条件拉伸粘结强度、石材用密封胶的污染性检测

D. 建筑幕墙的气密性、水密性、风压变形性能、层间变位性能检测

E. 硅酮密封胶相容性检测

5. 施工作业质量的自控过程是由施工作业组织的成员进行的，其基本的控制程序包括（　　）。

A. 作业技术交底　　　　　　　　　B. 作业活动质量验收

C. 作业质量的自检自查　　　　　　D. 作业质量的互检互查

E. 作业质量的专职管理人员检查

三、判断题

1. 前道工序工程质量经验收合格后，才可进入下道工序施工。未经验收合格的工序，不得进入下道工序施工。　　　　　　　　　　　　　　　　　　　　　（　　）

2. 影响建设工程项目质量的管理因素，主要是决策因素和组织因素。　（　　）

3. 指在施工质量形成过程中，对影响施工质量的各种因素进行全面的动态控制。事中质量控制也称作业活动过程质量控制，包括质量活动主体的自我控制和他人监控的控制

方式。他人控制是第一位的。   （   ）

四、案例题

某礼堂在图纸上位于⑭～⑯轴及⑥～⑨轴之间。该礼堂在地面找平层施工前进行基层检查，发现混凝土表面有 0.2mm 左右的裂缝。经分析研究后认为该裂缝不影响结构的安全和使用功能。地面找平层施工工艺步骤如下：材料准备→基层清理→测量与标高控制→铺找平层→刷素水泥浆结合层→养护→验收。

根据背景资料，回答下列 1～6 问题。

1. 地面找平层有水泥砂浆找平层、混凝土找平层等。当找平层厚度不大于 30mm 时，宜采用水泥砂浆做找平层。（   ）（判断题）

2. 当地面混凝土结构出现宽度不大于 0.2mm 的裂缝，如分析研究后不影响结构的安全和使用功能，可采用表面密封法进行处理。（   ）（判断题）

3. 该礼堂在找平层验收过程中应当以（   ）间划分检验批。（单项选择题）

A. 1   B. 4   C. 6   D. 9

4. 根据背景资料，铺设地面找平层施工步骤错误的是（   ）。（单项选择题）

A. 材料准备→基层清理   B. 基层清理→测量与标高控制

C. 铺找平层→刷素水泥浆结合层   D. 养护→验收

5. 上述混凝土表面出现的裂缝，应进行的处理方式是（   ）。（单项选择题）

A. 返修处理   B. 返工处理   C. 加固处理   D. 不作处理

6. 施工图纸中的定位轴线，不宜出现的字母有（   ）。（多项选择题）

A. D   B. E   C. O

D. I   E. Z

第5章　施工质量计划的内容和编制方法

一、单项选择题

1. 对于超过一定规模的危险性较大的分部分项工程，施工单位应当组织（   ）对专项方案进行论证。

A. 建设单位   B. 设计单位   C. 专家   D. 监理单位

2. 超过一定规模的危险性较大的分部分项工程专项方案应当由施工单位组织召开（   ）。

A. 专家论证会   B. 图纸会审   C. 技术交底   D. 前期策划

3. 在临时用电专项方案中，配电室的建筑物和构筑物的耐火等级不低于（   ）级，室内配置砂箱和可用于扑灭电气火灾的灭火器。

A. 1   B. 2   C. 3   D. 4

4. 下列选项中，属于危险性较大的分部分项工程范围的是（   ）。

A. 幕墙安装工程   B. 抹灰工程

C. 吊顶工程   D. 玻璃栏板安装工程

5. 参加专项方案专家论证会的专家组成员应当由（   ）名及以上符合相关专业要

求的专家组成。

  A. 3   B. 4   C. 5   D. 6

  6. 拆卸吊篮应遵循（ ）的拆卸原则。

  A. 自上而下   B. 自下而上   C. 先装的部件后拆   D. 先装的部件先拆

  7. 施工单位应当在危险性较大的分部分项工程施工前编制（ ）。

  A. 施工组织总设计   B. 单位工程施工组织设计

  C. 分部（分项）施工方案   D. 专项方案

  8. 在临时用电专项方案中，架空线路搭设宜采用（ ）。

  A. 钢筋混凝土杆   B. 木龙骨杆   C. 脚手架   D. 金属杆

  9. 实木地板按外观、尺寸偏差和含水率、耐磨、附着力和硬度等物理性能分为三个等级，其中（ ）不属于实木地板的等级划分。

  A. 优等品   B. 一等品   C. 二等品   D. 合格品

  10. 不需要专家论证的专项施工方案，经施工单位自审合格后报监理单位，由（ ）审核签字即可实施。

  A. 建设单位   B. 总监理工程师

  C. 设计师   D. 施工单位技术负责人

二、多项选择题

  1. 下列选项中，列入超过一定规模的危险性较大的专项方案专家论证的主要内容的有（ ）。

  A. 专项方案的进度计划是否达到工程要求

  B. 专项方案内容是否完整、可行

  C. 专项方案计算书和验算依据是否符合有关标准规范

  D. 安全施工的基本条件是否满足现场实际情况

  E. 专项方案中工程建设、设计、施工各方的协调关系是否妥当

  2. 下列选项中，按环境条件选择现场临时用电照明器，正确的有（ ）。

  A. 正常湿度一般场所，选用密闭型防水照明器

  B. 潮湿或特别潮湿场所，选用开启型照明器或配有防水灯头的开启式照明器

  C. 含有大量尘埃但无爆炸和火灾危险的场所，选用防尘型照明器

  D. 有爆炸和火灾危险的场所，按危险场所等级选用防爆型照明器

  E. 存在较强振动的场所，选用防振型照明器

  3. 参加超过一定规模的危险性较大的专项方案的专家论证会成员应有（ ）。

  A. 专家组成员

  B. 建设单位指派人员作为专家身份

  C. 监理单位项目总监理工程师及相关人员

  D. 施工单位分管安全的负责人、技术负责人、项目负责人、项目技术负责人、专项方案编制人员、项目专职安全生产管理人员

  E. 勘察、设计单位项目技术负责人及相关人员

  4. 吊篮出厂时应随产品附有（ ）等文件。

A. 装箱清单   B. 产品使用说明书

C. 该产品历年的销售清单   D. 易损件目录或图册

E. 随机备件、附件及专用工具清单

5. 下列选项中，属于施工现场临时用电组织设计的内容的有（   ）。

A. 负荷计算   B. 设计配电系统

C. 设置防雷装置   D. 设置垂直运输通道

E. 选择变压器

6. 下列选项中，属于安全生产的专项方案编制内容的有（   ）。

A. 抢工措施   B. 施工计划   C. 施工安全保证措施

D. 计算书及相关图纸   E. 编制依据

7. 下列选项中，属于安全生产的专项方案中施工安全保证措施的有（   ）。

A. 组织保障   B. 施工方法   C. 技术措施

D. 应急预案   E. 预算造价

8. 为防止室内产生负风压导致吊顶板面向上或横向移动，可在吊顶上设置反支撑。下列选项中，满足反支撑使用材料要求的是（   ）。

A. 可自由移动   B. 具有一定的刚度

C. 应满足防火、防腐要求   D. 与结构进行可靠连接

E. 可自动伸缩

9. 近年来使用成品木制品工厂加工、现场安装已成新常态。下列选项中，不属于成品木制品优势的有（   ）。

A. 技术人员的翻样工作强度加大   B. 施工周期大大缩短

C. 可灵活地进行搬运、移动   D. 实现了环保要求

E. 容易控制成本

10. 装饰线条按使用部位不同可分为（   ）。

A. 石膏装饰线   B. 踢脚线   C. 挂镜线

D. 门窗套线   E. 木装饰线

三、判断题

1. 本项目参建各方单位可以派人以专家身份参加危险性较大的分部分项工程专项方案的专家论证会。   （   ）

2. 吊篮的操作人员都需要经过特定的培训，培训后就可进行吊篮的操作。   （   ）

3. 电气设备现场周围不得存放易燃易爆物、污源和腐蚀介质，否则应予清除或做防护处置。   （   ）

4. 专项方案经论证后需做重大修改的，施工单位应当按照论证报告进行修改，修改完成后便可实施。   （   ）

5. 施工现场的临时用电电力系统可以利用大地做相线或零线。   （   ）

6. 轻钢龙骨吊顶安装龙骨时，遇有高、低跨的情况，常规做法是先安装高跨部分，再安装低跨部分，后安装台阶、灯槽侧板。   （   ）

7. 在脚手架使用期间，严禁拆除主节点处的纵、横向水平杆，纵、横向扫地杆；对于连墙件，如因施工需要可做适当拆除。   （   ）

8. 固定家具组装顺序的一般原则是：先外后内，从左向右、从上往下，由前往后；先柜体、次收口，再抽屉，后门扇。（　　）

9. 脚手架专项施工方案中，单、双排脚手架拆除作业必须由上而下逐层进行，严禁上下同时作业，可以先将连墙件整层或数层拆除后再拆除脚手架。（　　）

10. 外墙饰面砖镶贴前和施工过程中，均应在不同基层上做样板件，并对样板件的饰面砖粘结强度进行检验。（　　）

四、案例题

某酒店客房施工需进行地毯铺装施工，项目部编制施工方案如下：对房间进行测量，按房间尺寸裁剪地毯；沿房间四周靠墙脚处将卡条固定于基层上，固定点间距为500mm左右。监理认为施工方案内容不明确，要求项目部进行修改。

根据背景资料，回答下列1～6问题。

1. 地毯铺装时，地毯面层的周边应压入踢脚线下。（　　）（判断题）

2. 卷材地毯宜先短向缝合，然后按设计要求铺设。（　　）（判断题）

3. 空铺地毯面层时，应先对房间进行测量，按房间尺寸裁剪地毯。裁剪时每段地毯的长度应比房间长度长（　　）mm。（单项选择题）

A. 10～20　　　　　B. 20～30　　　　　C. 30～40　　　　　D. 40～50

4. 采用卡条固定地毯时，应沿房间的四周靠墙壁脚（　　）mm 处将卡条固定于基层上。（单项选择题）

A. 0～10　　　　　B. 10～20　　　　　C. 20～30　　　　　D. 30～40

5. 卡条和压条，可用水泥钉、木螺钉固定在基层，钉距为（　　）mm 左右。（单项选择题）

A. 100　　　　　B. 300　　　　　C. 500　　　　　D. 1000

6. 下列关于地毯面层铺装的要求，说法正确的有（　　）。（多项选择题）

A. 地毯面层应采用地毯块材或卷材，以空铺法或实铺法铺设

B. 空铺地毯面层时，块材地毯的铺设，块与块之间应挤紧服贴

C. 实铺地毯面层时，地毯表面层宜张拉适度，门口处宜用金属压条等固定

D. 楼梯地毯面层铺设时，梯段顶级地毯应固定于平台上，其宽度应略小于标准楼梯尺寸

E. 地毯面层采用的材料进入施工现场时，应有甲醛、放射性物质含量的检测报告

第6章　装饰工程质量问题的分析、预防及处理方法

一、单项选择题

1. 厕浴间防水层施工完毕后，检查防水隔离层应采用（　　）方法。

A. 蓄水　　　　　B. 洒水　　　　　C. 注浆　　　　　D. 破坏试验

2. 有防水要求的厕浴间进行防水施工，饰面层完工后应进行第二次蓄水试验，第二次蓄水试验不得低于（　　）h。

A. 12　　　　　　　B. 24　　　　　　　C. 36　　　　　　　D. 48

3. 保护层与防水层之间是否粘结牢固，是否有空鼓，应采用（　　）检查。

A. 手扳　　　　　　B. 小锤轻击　　　　C. 目测　　　　　　D. 拉拔

4. 当卫生间有非封闭式洗浴设施时，花洒所在及其邻近墙面防水层的高度不应小于
（　　）m。

A. 0.2　　　　　　　B. 0.8　　　　　　　C. 1.2　　　　　　　D. 1.8

5. 抹灰施工时，当采用加强网对不同材料基体交接处进行加强时，加强网与各基体
的搭接宽度不应小于（　　）mm。

A. 50　　　　　　　B. 100　　　　　　　C. 150　　　　　　　D. 200

6. 抹灰工程应分层进行，当抹灰总厚度大于或等于（　　）mm 时，应采取加强
措施。

A. 15　　　　　　　B. 20　　　　　　　C. 35　　　　　　　D. 50

7. 抹灰施工时，罩面成活后第 2d 应浇水养护，并至少养护（　　）d。

A. 1　　　　　　　　B. 3　　　　　　　　C. 5　　　　　　　　D. 7

8. 抹灰完工后，室内墙面、柱面和门洞口等处应制作暗护角，高度不得低于（　　）m。

A. 1.2　　　　　　　B. 1.5　　　　　　　C. 1.8　　　　　　　C. 2.0

9. 吊顶施工过程中，加大吊杆间距，造成的结果是（　　）。

A. 节约材料　　　　B. 面层不平　　　　C. 减少吊顶应力　　D. 增大吊顶内部空间

10. 下列关于暗龙骨吊顶施工质量控制要点的说法，错误的是（　　）。

A. 金属吊杆、龙骨应经表面防腐处理

B. 安装双层石膏板时，面层板与基层的接缝应错开

C. 安装双层石膏板时，上下两层石膏板接缝可在同一根龙骨上

D. 木吊杆、龙骨应进行防腐、防火处理

二、多项选择题

1. 下列需要进行材料见证取样复验的材料有（　　）。

A. 防水涂料　　　　B. 防水卷材　　　　C. 防水砂浆

D. 密封胶　　　　　E. 拌合用水

2. 防水层涂层的平均厚度检验可采用的方法有（　　）。

A. 目测法

B. 涂层测厚仪

C. 现场取 20mm×20mm 的样品，用卡尺测量

D. 现场取 10mm×10mm 的样品，用卡尺测量

E. 现场取 20mm×20mm 的样品，用钢直尺测量

3. 抹灰施工中，分格缝不直不平，缺棱错缝的主要原因有（　　）。

A. 没有拉通线，统一在底灰上弹水平和垂直分格线

B. 木分格条浸水不透，使用后变形

C. 粘贴分格条和起分格条时操作不当，造成缝口两边缺棱角或错缝

D. 墙面分格过大

E. 基层处理不好，墙面浇水不透

4. 抹灰施工时，接槎处有明显抹纹、色泽不匀的主要原因有（   ）。

A. 墙面没有分格或分格太大　　　　B. 一次抹灰太厚

C. 抹灰留槎位置不正确　　　　　　D. 罩面灰压光操作方法不当

E. 接缝处没有采取加强措施

5. 抹灰出现空鼓、裂缝等的主要原因有（   ）。

A. 基层处理不好，清扫不干净　　　B. 一次抹灰太厚

C. 夏季施工砂浆失水过快　　　　　D. 冬期施工受冻

E. 基层墙面施工前一天浇水湿润

6. 下列造成木格栅拱度不匀的原因分析正确的有（   ）。

A. 木材含水率过大，在施工中或交工后产生收缩翘曲变形

B. 吊杆或吊筋间距过大，吊顶格栅的拱度不易调匀

C. 受力节点结合不严，受力后产生位移变形

D. 施工中吊顶格栅四周墙面上不弹平线或平线不准，中间不按平线起拱

E. 吊顶格栅造型不对称、布局不合理

7. 下列关于板块吊顶安装施工过程中，为防止吊顶面层变形的操作方法，正确的有
（   ）。

A. 轻质板块宜用小齿锯截成小块装钉　B. 装钉时必须由中间向四周排钉

C. 装钉时必须由四周向中间排钉　　　D. 板块接头拼缝必须留 3～6mm 的间隙

E. 板块接头拼缝必须密拼

8. 饰面板施工过程中，造成大理石墙、柱面饰面接缝不平、板面纹理不顺、色泽不
匀的原因有（   ）。

A. 基层处理不符合质量要求　　　　B. 镶贴前试拼不认真

C. 分次灌浆时，灌注高度过高　　　D. 对板材质量的检验不严格

E. 大理石未做六面防护处理

9. 饰面板施工过程中，造成陶瓷锦砖饰面不平整，分格缝不匀，砖缝不平直的原因
有（   ）。

A. 粘结层厚度过厚

B. 粘结层过薄且基层表面平整度太差

C. 揭纸后，没有及时进行砖缝检查及拨正

D. 陶瓷锦砖规格尺寸过大

E. 粘结用水泥砂浆配合比不正确

10. 饰面板（砖）施工过程中，造成外墙面墙空鼓、脱落的原因有（   ）。

A. 粘结用水泥砂浆配合比不正确

B. 在同一施工面上，采用相同的配合比砂浆

C. 面砖粘结用水泥砂浆不饱满，勾缝不严实

D. 面砖粘贴过程中，一次成活

E. 面砖使用前未清理干净

三、判断题

1. 厕浴间采用聚合物水泥防水涂料进行防水施工时，垂直面的涂膜防水厚度不应小于 1.2mm。 （　）

2. 厕浴间地漏处，距离地漏边缘 50mm 范围内坡度应为 3%～5%。 （　）

3. 厕浴间采用聚氨酯防水涂料进行防水施工时，水平面的涂膜防水厚度不应小于 1.2mm。 （　）

4. 防水层细部构造的验收检验应全数检验。 （　）

5. 抹灰时，罩面用的磨细石灰粉的熟化期不应小于 2d。 （　）

6. 抹灰施工时，水泥砂浆不得抹在石灰砂浆层上。 （　）

7. 抹灰施工时，可以用罩面石罩灰抹在水泥砂浆层上。 （　）

8. 吊顶施工过程中，为防止吊顶龙骨不顺直造成的面层质量问题，凡受扭的龙骨，需要处理顺直后使用。 （　）

9. 大面积吊顶木格栅施工中，应按房间长向跨度的 1/200 起拱。 （　）

10. 吊顶木格栅施工过程中，格栅拱度不匀，局部超差过大，可利用吊杆或吊筋螺栓把拱度调匀。 （　）

四、案例题

某办公楼项目进行实木复合地板面层和实木踢脚线的安装施工。施工方案采用木格栅上满铺垫层地板，再进行实木复合地板安装的施工方案。监理工程师验收时发现，部分允许偏差项目严重不符合标准，且该分项工程隐蔽工程未进行验收，要求重新进行检查，并发现木格栅、垫层地板等未进行防腐处理。据此监理工程师拒绝验收该工程。

根据背景资料，回答下列 1～6 问题。

1. 木地板面层施工验收中，木格栅、垫层地板的防腐处理是主控项目，必须符合规定方可验收。（　）（判断题）

2. 实木复合地板中的游离甲醛、溶剂型胶粘剂中的挥发性有机物含量等应提供有害物质限量合格的检测报告。（　）（判断题）

3. 实木复合地板的木格栅固定应牢固，木格栅的间距不宜大于（　　）mm。（单项选择题）

A. 100　　　　　B. 200　　　　　C. 300　　　　　D. 500

4. 实木复合地板面层下铺设垫层地板应符合要求。下列关于垫层地板铺设的要求，正确的是（　　）。（单项选择题）

A. 垫层地板应髓心向上，板间缝隙不大于 3mm

B. 垫层地板应髓心向下，板间缝隙不大于 3mm

C. 垫层地板应髓心向上，板间缝隙不大于 5mm

D. 垫层地板应髓心向下，板间缝隙不大于 5mm

5. 实木复合地板面层铺设时，地板与柱、墙之间应留不小于（　　）mm 的空隙。（单项选择题）

A. 3　　　　　B. 5　　　　　C. 8　　　　　D. 10

6. 下列关于实木复合地板验收时，允许偏差项目的数值符合要求的有（　　　）。（多项选择题）

　　A. 踢脚线上口平直度不得大于 3mm

　　B. 相邻板材高低差不得大于 1mm

　　C. 板面拼缝平直度不得大于 2mm

　　D. 踢脚线与面层的接缝宽度不得大于 1mm

　　E. 板面拼缝平直度不得大于 5mm

第7章　参与编制施工项目质量计划

一、单项选择题

1. 项目质量控制应以控制（　　　）为基本出发点。
A. 人的因素　　　　　　　B. 环境因素　　　　　　C. 材料因素　　　　　　D. 方法因素

2. 同一品种的裱糊或软包工程每（　　　）间应划分为一个检验批。
A. 20　　　　　　　　　　B. 30　　　　　　　　　C. 50　　　　　　　　　D. 100

3. 通常情况下，质量管理组织机构不包括以（　　　）为核心的质量管理组织形式。
A. 施工单位技术负责人　　B. 项目经理　　　　　　C. 工长　　　　　　　　D. 操作工人

二、多项选择题

1. 建设工程项目质量的影响因素，主要是指在项目质量目标策划、决策和实现过程中影响质量形成的各种客观因素和主观因素，包括（　　　）等。

　　A. 人的因素　　　　　　　B. 经济因素　　　　　　C. 材料因素

　　D. 方法因素　　　　　　　E. 环境因素

2. 影响项目质量的环境因素，又包括项目的（　　　）环境因素。

　　A. 自然　　　　　　　　　B. 社会　　　　　　　　C. 管理

　　D. 作业　　　　　　　　　E. 政治

3. 下列选项属于细部工程的分项工程的有（　　　）。

　　A. 橱柜制作与安装　　　　　　　　　　　　B. 窗帘盒和窗台板制作安装

　　C. 门窗制作与安装　　　　　　　　　　　　D. 护栏和扶手制作与安装

　　E. 花饰制作与安装

三、判断题

1. 在工程项目质量管理中，人的因素起决定性的作用。　　　　　　　　　　　（　　）

2. 建筑工程质量验收应划分为单位（子单位）工程、分部（子分部）工程、分项工程和检验批，装饰装修工程是建筑工程的一个分部工程，当建筑工程只有装饰装修分部时，该工程应作为单位工程收。　　　　　　　　　　　　　　　　　　　　　　　　　（　　）

3. 建筑地面工程子分部工程和分项工程检验批不是按抽查总数的 5% 计，而是采用随机抽查自然间或标准间和最低量，其中考虑了高层建筑中建筑地面工程量较大、较繁，改

为除裙楼外按高层标准间以每 3 层划作为检验批较为合适。　　　　　　　　　(　)

第8章　建筑装饰材料的评价

一、单项选择题

1. 抹灰用的石灰膏的熟化期不得少于（　　）d。
A. 7　　　　　　　　B. 15　　　　　　　　C. 28　　　　　　　　D. 30

2. 低温季节水化过程慢，泌水现象普通时，适当考虑加入（　　）以加快硬化速度。
A. 保水剂　　　　　B. 缓凝剂　　　　　C. 促凝剂　　　　　D. 防冻剂

3. 墙面抹灰层产生析白现象，析白的主要成分是（　　）。
A. 氢氧化钙　　　　B. 碳酸钙　　　　　C. 氢氧化铁　　　　D. 水玻璃

4. 吊顶木格栅施工过程中，如木料在两吊点间稍有弯度，则（　　）。
A. 弯度应向下　　　　　　　　　　　B. 弯度应向上
C. 弯度应向朝向水平方向　　　　　　D. 弯度应朝向垂直方向

5. 下列关于饰面板（砖）防腐处理的说法，正确的是（　　）。
A. 饰面板（砖）预埋件的防腐性能必须符合设计要求
B. 如设计文件未标明防腐要求，饰面板（砖）的预埋件可不进行防腐
C. 饰面板（砖）预埋件仅木质预埋件需要进行防腐处理
D. 饰面板（砖）预埋件的防腐即表面涂刷防腐剂

6. 下列关于饰面板（砖）工程使用的材料及其性能指标进行复验的说法，正确的是（　　）。
A. 花岗石应对放射性进行复验　　　　B. 陶瓷面砖应对吸水率进行复验
C. 水泥应对凝结时间进行复验　　　　D. 陶瓷面砖应对抗冻性进行复验

7. 陶瓷面砖勾缝一般采用（　　）水泥砂浆。
A. 1∶1　　　　　　B. 1∶2　　　　　　C. 1∶2.5　　　　　D. 1∶3

8. 为防止石材表面泛碱，一般应采取的措施是（　　）。
A. 采用花岗石代替大理石　　　　　　B. 石材进行防碱背涂处理
C. 增大石材厚度　　　　　　　　　　D. 石材表面进行晶硬化处理

9. 门窗框安装时，锚固铁脚所采用的材料厚度不得小于（　　）mm。
A. 0.5　　　　　　B. 1　　　　　　　　C. 1.5　　　　　　D. 2

10. 门窗框周边是砖墙时，砌墙时可（　　）以便与连接件连接。
A. 砌入混凝土预制块　　　　　　　　B. 砌入小型碎砖块
C. 在砂浆中加入减水剂　　　　　　　D. 使用高强度砌块砖

二、多项选择题

1. 抹灰工程应对水泥的（　　）指标进行复验。
A. 凝结时间　　　　B. 不溶物　　　　　C. 烧失量
D. 安定性　　　　　E. 细度

2. 制作木格栅时应先用比较干燥的软质木材，下列符合要求的木材种类有（　　　）。

A. 桦木　　　　　　　　B. 松木　　　　　　　　C. 杉木

D. 色木　　　　　　　　E. 柞木

3. 为防止内墙涂料涂层色淡且该处易掉粉末，采取的措施有（　　　）。

A. 施工气温不宜过低，应在10℃以上　　　B. 基层须干燥，含水率应小于12%

C. 混凝土龄期应不小于14d　　　　　　　D. 涂料随时加水，保持配合比稳定

E. 根据基层选择不同的腻子

4. 木门窗玻璃装完后松动或不平整的原因有（　　　）。

A. 未铺垫底油灰，或底油灰厚薄不均、漏铺

B. 裁口内的胶渍、灰砂、木屑渣等未清除干净

C. 玻璃采用边安装边固定的方法

D. 玻璃裁制尺寸偏小

E. 钉子钉入数量不足或没有贴紧玻璃

三、判断题

1. 抹灰时，罩面用的磨细石灰粉的熟化期不应小于2d。　　　　　　　　（　　）

2. 吊顶木格栅施工过程中，格栅拱度不匀，可能是因为所采用的木材含水率过高导致的。　　　　　　　　　　　　　　　　　　　　　　　　　　　　　　（　　）

3. 使用胶合板制作吊顶格栅时，为防止吊顶面层变形，胶合板宜选用三层以上的胶合板。　　　　　　　　　　　　　　　　　　　　　　　　　　　　　　（　　）

4. 大理石不宜用作室外墙、柱饰面，特别不宜在工业区附近的建筑物上采用。
　　　　　　　　　　　　　　　　　　　　　　　　　　　　　　　　　　（　　）

5. 饰面板砖粘贴施工用的水泥砂浆配合比应准确，施工人员需要根据具体情况，随时加水或加灰调节。　　　　　　　　　　　　　　　　　　　　　　　　（　　）

第9章　施工试验结果的判断

一、单项选择题

1. 相同材料、工艺和施工条件的室内抹灰工程每（　　　）个自然间应划分为一个检验批。

A. 20　　　　　　　　B. 30　　　　　　　　C. 50　　　　　　　　D. 100

2. 有防水要求的建筑地面子分部工程的分项工程施工质量每检验批抽查数量应按其房间总数随机检验不应少于（　　　）间。

A. 1　　　　　　　　B. 2　　　　　　　　C. 3　　　　　　　　D. 4

3. 楼层梯段相邻踏步高度差不应大于（　　　）mm。

A. 10　　　　　　　　B. 20　　　　　　　　C. 30　　　　　　　　D. 50

4. 高级室内卫生间门门扇与地面间留缝限值为（　　　）mm。

A. 3～5　　　　　　　B. 5～8　　　　　　　C. 8～10　　　　　　　D. 10～20

5. 相同材料、工艺和施工条件的室外抹灰工程每（　　）m² 应划分为一个检验批。

A. 100～200 　　　　B. 200～300 　　　　C. 300～500 　　　　D. 500～1000

6. 下列关于检验批抽样样本要求的说法错误的是（　　）。

A. 随机抽取 　　　　B. 分布均匀 　　　　C. 具有代表性 　　　　D. 全面检查

7. 下列关于工程施工质量控制的规定，说法正确的是（　　）。

A. 每道施工工序都必须经监理工程师检查认可后，才能进行下道工序施工

B. 各专业工种之间的相关工序应进行交接检验，并应记录

C. 施工工序完成后，应经班组自检符合规定后，才能进行下道工序施工

D. 施工工序的检查是施工单位内部的事宜，不需要监理工程师参加

8. 检验批的质量验收合格除主控项目、一般项目的质量抽样检验合格外，还应（　　）。

A. 质量控制资料完整

B. 具有完整的施工操作依据、质量验收记录

C. 观感质量符合要求

D. 有关安全、节能、环境保护和主要使用功能的抽样检验结果符合规定

二、多项选择题

1. 下列信息必须反应在直角尺非工作面的有（　　）。

A. 制造厂名 　　　　B. 商标 　　　　C. CMC 标志

D. 出厂编号 　　　　E. CCC 标志

2. 钢卷尺按结构一般分为（　　）。

A. 摇卷盒式卷尺 　　　　B. 自卷式卷尺 　　　　C. 制动式卷尺

D. 测深钢卷尺 　　　　E. 电动式卷尺

3. 普通钢卷尺的分度值分为（　　）mm 几种。

A. 0.5 　　　　B. 1 　　　　C. 2

D. 5 　　　　E. 10

4. 施工作业质量的现场检查方法有（　　）。

A. 目测法 　　　　B. 经验法 　　　　C. 试验法

D. 实测法 　　　　E. 送检法

5. 整体面层地面平整度采用的检验工具有（　　）。

A. 钢直尺 　　　　B. 2m 靠尺 　　　　C. 楔形塞尺

D. 5m 通线 　　　　E. 坡度尺

三、判断题

1. 抹灰工程浆活是否牢固、不掉粉等可以通过触摸手感进行检查、鉴别。　　（　　）

2. 抹灰工程表面平整度应采用 2m 靠尺和塞尺进行检查，一般抹灰、高级抹灰最大允许偏差应分别为 3mm、4mm。　　（　　）

3. 幕墙工程后置埋件的拉拔检测可用手扳方法进行。　　（　　）

4. 装饰装修施工质量验收常用的检测工具包括：靠尺、钢直尺、塞尺、水准仪等。

（　　）

5. 饰面板工程中墙裙上口直线度采用 2m 靠尺和塞尺进行检查。　　　　（　　）

第 10 章　施工图识读、绘制的基本知识

一、单项选择题

1. 在某室内装饰设计剖面图中，图例 ▨▨▨ 表示（　　）。

A. 钢筋混凝土　　　　　B. 石膏板　　　　　C. 混凝土　　　　　D. 砂砾

2. 在某室内装饰设计吊顶平面图中，图例 Ⓢ 通常表示（　　）。

A. 消防自动喷淋头　　　　　　　　　B. 感烟探测器

C. 感温探测器　　　　　　　　　　　D. 顶装扬声器

3. 对于建筑装饰图纸，按不同设计阶段分为：概念设计图、（　　）、初步设计图、施工设计图、变更设计图、竣工图等。

A. 手绘透视图　　　　　　　　　　　B. 木制品下单图

C. 方案设计图　　　　　　　　　　　D. 电气布置图

4. 建筑装饰室内设计立面方案图中，应标注（　　）。

A. 立面范围内的轴线和轴线编号，以及所有轴线间的尺寸

B. 立面主要装饰装修材料和部品部件的名称

C. 明确各立面上装修材料及部品、饰品的种类、名称、拼接图案、不同材料的分界线

D. 楼梯的上下方向

5. 建筑装饰室内设计吊顶平面施工图中，不需标注（　　）。

A. 主要吊顶造型部位的定位尺寸及间距、标高

B. 吊顶装饰材料及不同的装饰造型

C. 靠近地面的疏散指示标志

D. 吊顶安装的灯具、空调风口、检修口

6. 以下选项中，识图方法错误的有（　　）。

A. 以平面布置图、吊顶平面图这两张图为基础，分别对应其立面图，熟悉其主要造型及装饰材料

B. 需要从整体（多张图纸）到局部（局部图纸）、从局部到整体看，找出其规律及联系

C. 平面、立面图看完 1～2 遍后再看详图

D. 开始看图时对于装饰造型或尺寸出现无法对应时，可先用铅笔标识出来不做处理。待对相关的装饰材料进行下单加工时再设法解决

7. 建筑工程各个专业的图纸中，（　　）图纸是基础。

A. 平面布置　　　　　B. 吊顶综合　　　　　C. 建筑　　　　　D. 结构

8. 在某张建筑装饰施工图中，有详图索引 ⑤／③ ，其分母 3 的含义为（　　　）。

A. 图纸的图幅为 A3
B. 详图所在图纸编号为 3

C. 被索引的图纸编号为 3
D. 详图（节点）的编号为 3

9. 总图中没有单位的尺寸（如标高，距离，坐标等），其单位是（　　　）。

A. mm
B. cm
C. m
D. km

10. 平面图中标注的楼地面标高为（　　　）。

A. 相对标高且是建筑标高
B. 相当标高且是结构标高

C. 绝对标高且是建筑标高
D. 绝对标高且是结构标高

11. 楼梯平台上部及下部过道处的净高不应小于（　　　）m。

A. 2
B. 2.2
C. 2.3
D. 2.5

12. 外开门淋浴隔间的尺寸不应小于（　　　）。

A. 900mm×1200mm
B. 1000mm×1400mm

C. 1100mm×1400mm
D. 1000mm×1200mm

13. 以下装饰材料产品加工（材料下单）时，不需要进行工艺深化的有（　　　）。

A. 木饰面制品
B. 大理石石材墙板

C. 墙纸
D. 复杂的不锈钢装饰线条

14. 以下工作中，应以装饰单位现场设计师为主导的工作有（　　　）。

A. 绘制隐蔽图纸
B. 向质量员及施工班组进行图纸交底

C. 施工图图纸会审
D. 绘制竣工图

15. 卫生间的轻质隔墙底部应做 C20 混凝土导墙，其高度不应小于（　　　）。

A. 100mm
B. 150mm
C. 300mm
D. 200mm

16. 剖立面图一般在（　　　）情况下采用。

A. 内部形状简单、外部饰面材料的种类较多

B. 把墙体、梁板及饰面构造较复杂且需在同一立面图中表达

C. 绘制卫生间地面挡水坎部位

D. 绘制复杂的吊顶构造

17. 各类设备、家具、灯具的索引符号，通常用（　　　）形状表示。

A. 圆形
B. 三角形
C. 正六边形
D. 矩形

二、多项选择题

1. 建筑装饰工程的特点有（　　　）。

A. 装饰材料多

B. 各装饰工艺的质量问题也不尽相同

C. 装饰面层与基层连接方式多样化

D. 施工工艺与土建工程相似

E. 同一种装饰材料的表现方式迥异

2. 属于装饰工程现场深化设计师个人专业能力的要求有（　　　）。

A. 必须具备基本的室内设计基础知识

B. 掌握通用的绘图软件 AutoCAD 及制图规范

C. 熟悉常用的设计标准、技术规范

D. 熟悉装饰材料的生产加工工艺

E. 对于常规的装饰施工工艺不一定非要了解

3. 室内装饰单位的深化设计工作开展，应该掌握施工现场很多基本数据，包括（　　　）。

A. 幕墙安装高度　　　　　　　　　　　B. 建筑各层层高

C. 墙面、地面、顶面实际造型和尺寸　　　D. 排水支管坡度

E. 风管等机电安装构件的实际高度

4. 室内装饰单位深化设计的主要内容有（　　　）。

A. 补充装饰施工图连接构造节点覆盖面和深度不够的深化设计

B. 综合点位布置图的深化设计

C. 通过深化设计减少材料损耗，有利于项目成本控制

D. 防火门的设计深化

E. 对不符合设计规范及施工技术规范的深化设计

5. 综合点位排布的规律或设计原则有（　　　）。

A. 点线呼应原则　　　B. 直线排布　　　C. 居中原则

D. 对称布置　　　　　E. 板块均分原则

6. 装饰单位现场深化设计师应该熟知的标准规范有（　　　）。

A. 房屋建筑室内装饰装修制图标准　　　B. 建设工程项目管理规范

C. 建筑装饰装修工程质量验收规范　　　D. 建筑同层排水系统技术规程

E. 建筑内部装修设计防火规范

三、判断题

1. 竣工图纸和施工图的制图深度应一致，内容应能与工程实际情况相互对应，完整的记录施工情况。　　　　　　　　　　　　　　　　　　　　　　　　　（　　　）

2. 装饰深化设计已经成为装饰设计中不可或缺的一个环节，是确保装饰工程施工进度及施工质量的一项重要工作。　　　　　　　　　　　　　　　　　　　（　　　）

3. 绘制地面铺装平面图（地坪图）时，不可以用虚线表示活动家具或其他活动设备设施的位置。　　　　　　　　　　　　　　　　　　　　　　　　　　　（　　　）

4. 装饰深化设计师开展工作，必须要具备一些基本条件，如了解原装饰设计图纸的设计思路，熟悉项目的概况、特点。　　　　　　　　　　　　　　　　　（　　　）

四、案例题

某商场项目设计文件中，中庭总高度为 30m，该区域内采用 10mm 厚钢化玻璃全玻璃栏板。入口大厅处有若干无框蚀刻玻璃制作的隔断，规格达 1800mm×900mm，最薄处厚度仅为 10mm。项目部进行图纸会审的过程中认为上述做法不符合规范要求，而要求变更设计文件。

根据背景资料，回答下列 1～6 问题。

1. 施工技术准备工作的质量控制阶段的复核审查是为了检查相关技术规范是否符合设计文件的要求。（　　）（判断题）

2. 技术规范是满足工程施工要求的最低标准，如设计文件不能达到该要求，施工单位可以提出设计变更申请。（　　）（判断题）

3. 当护栏一侧距楼地面高度为（　　）m以上时，应使用钢化夹层玻璃。（单项选择题）

A. 3　　　　　　　　B. 5　　　　　　　　C. 8　　　　　　　　D. 10

4. 根据题意，该工程对于栏板玻璃的使用，正确的是（　　）。（单项选择题）

A. 应使用公称厚度不小于 5mm 的钢化玻璃

B. 应使用公称厚度不小于 12mm 的钢化玻璃

C. 应使用公称厚度不小于 16.76mm 的钢化夹层玻璃

D. 不得使用承受水平荷载的栏板玻璃

5. 下列关于入口大厅处的无框蚀刻玻璃的说法，正确的是（　　）。（单项选择题）

A. 应使用普通平板玻璃　　　　　　　　B. 应使用厚度为 12mm 的玻璃

C. 应使用钢化玻璃　　　　　　　　　　D. 应使用 1.5m^2 以下的玻璃

6. 下列建筑部位必须使用安全玻璃的有（　　）。（多项选择题）

A. 幕墙　　　　　　　　　　　　　　　B. 落地窗

C. 浴室隔断　　　　　　　　　　　　　D. 用于承受行人行走的地面板

E. 吊顶

第 11 章　建筑装饰施工质量控制点的确定

一、单项选择题

1. 进行室内装修木质材料表面防火涂料处理作业时，应对木质材料的所有表面进行均匀涂刷，涂刷防火涂料用量不应少于（　　）g/m^2。

A. 100　　　　　　　　B. 300　　　　　　　　C. 500　　　　　　　　D. 1000

2. 进行室内卫生间防水施工时，防水层应从地面延伸到墙面，一般应高于地面（　　）mm。

A. 300　　　　　　　　B. 500　　　　　　　　C. 800　　　　　　　　D. 1000

3. 进行室内楼地面防水涂料涂刷前，应前对阴阳角、管根等处进行处理。阴角要抹成半径不小于（　　）mm 的小圆弧。

A. 5　　　　　　　　　B. 10　　　　　　　　C. 20　　　　　　　　D. 30

4. 轻钢龙骨吊顶安装双层石膏板时，面层板与基层板的接缝应错开不少于（　　）mm，并不得在同一根龙骨上接缝。

A. 100　　　　　　　　B. 200　　　　　　　　C. 300　　　　　　　　D. 500

5. 轻钢龙骨石膏板吊顶施工时应注意伸缩缝的留置，下列区域可以不预留伸缩缝的是（　　）。

A. 大面积吊顶转角处　　　　　　　　　B. 长度为 30m 的走廊

C. 面积为 15m^2 的房间　　　　　　　　D. 建筑变形缝处

6. 下列关于水泥砂浆抹灰施工操作要点的说法，错误的是（　　）。

A. 水泥应颜色一致，宜采用同一批号的水泥，严禁不同品种的水泥混用

B. 砂子宜采用细砂，颗粒要求坚硬洁净，不得含有黏土或有机物等有害物质

C. 抹灰前应检查门窗的位置是否正确，连接处和缝隙应用 1：3 水泥砂浆分层嵌塞密实

D. 抹灰时，用 1：3 水泥砂浆做成边长为 50mm 的方形灰饼

7. 木饰面板干挂安装时，一般采用 12mm 厚优质多层板制作挂件，安装挡距为（   ）mm。

A. 200　　　　　　　　B. 400　　　　　　　　C. 600　　　　　　　　D. 800

8. 下列采用喷涂法进行涂饰工程作业时，涂刷顺序正确的是（   ）。

A. 先顶棚后墙面，墙面是先上后下，先左后右

B. 先顶棚后墙面，墙面是先下后上，先左后右

C. 先墙面后顶棚，墙面是先上后下，先左后右

D. 先墙面后顶棚，墙面是先下后上，先左后右

9. 下列关于轻钢龙骨隔墙封纸面石膏板施工时，自攻螺钉钉距设置正确的是（   ）。

A. 板边钉距 300mm，板中间距为 200mm，螺钉距石膏板边缘距离不得小于 20mm，也不得大于 35mm

B. 板边钉距 300mm，板中间距为 200mm，螺钉距石膏板边缘距离不得小于 10mm，也不得大于 16mm

C. 板边钉距 200mm，板中间距为 300mm，螺钉距石膏板边缘距离不得小于 20mm，也不得大于 35mm

D. 板边钉距 200mm，板中间距为 300mm，螺钉距石膏板边缘距离不得小于 10mm，也不得大于 16mm

10. 楼地面找平层施工中，当基层为预制钢筋混凝土板时，填缝采用的细石混凝土强度等级不得小于（   ）。

A. C15　　　　　　　　B. C20　　　　　　　　C. C25　　　　　　　　D. C30

二、多项选择题

1. 下列关于室内装修防火施工要点的说法，正确的有（   ）。

A. 木质材料在进行阻燃处理时，木质材料含水率不应大于 8%

B. 木质材料表面进行防火涂料处理时，涂刷防火涂料用量不应少于 $500g/m^2$

C. 装修施工过程中，应对各装修部位的施工过程作详细记录

D. 防火门的表面加装贴面材料或其他装修时，所用贴面材料的燃烧性能等级不应低于 B_2 级

E. 现场阻燃处理后的复合材料应进行抽样检验，每种取 $4m^2$ 检验燃烧性能

2. 技术交底应根据工程规模和技术复杂程度不同采取相应的方法，常用的方法包括（   ）。

A. 分项工程技术交底　　　B. 书面交底　　　　　C. 防水工程技术交底

D. 口头交底　　　　　　　E. 样板交底

3. 抹灰工程施工过程中，为解决出现空鼓、开裂的质量问题，采取的措施有（   ）。

A. 砂子采用平均粒径 0.35mm 以下的细砂

B. 施工前进行基体的清理和浇水

C. 使用不同品种的水泥混用

D. 施工操作时分层分遍认真压实

E. 施工后及时浇水养护

4. 下列关于墙面保温薄抹灰施工中，网格布铺设的技术要点，正确的有（   ）。

A. 当网格布需要拼接时，搭接宽度应不小于 50mm

B. 在阳角处需从每边双向绕角且相互搭接宽度不小于 100mm

C. 当遇门窗洞口，应在洞口四角处沿 45°方向补贴一块 200mm×300mm 标准网格布

D. 分格缝处，网布相互搭接

E. 网格布应自下而上沿外墙一圈一圈铺设

5. 下列关于瓷质砖湿贴施工易产生空鼓的原因分析，说法正确的有（   ）。

A. 基层墙面变形

B. 粘结砂浆硬化时缺水

C. 基层未清理干净

D. 水泥等粘结材料的质量不合格

E. 粘结砂浆达到一定强度后洒水养护 7d

三、判断题

1. 建筑防水工程是建筑工程中的一个重要组成部分，防水施工应遵循"以防为水，防排结合"的防水施工原则。　　　　　　　　　　　　　　　　　　　　　（　　）

2. 进行室内装修木质材料表面防火涂料处理作业时，表面进行加工后的 B_1 级木质材料，应每种取 $4m^2$ 检验燃烧性能。　　　　　　　　　　　　　　　　　　（　　）

3. 轻钢龙骨吊顶安装双层石膏板时，面层板与基层板应在同一根龙骨上接缝。

（　　）

4. 抹灰施工时，有排水要求的部位应做滴水线（槽）。滴水线（槽）应整齐顺直、内低外高。　　　　　　　　　　　　　　　　　　　　　　　　　　　　　　（　　）

5. 保温墙面抹灰施工时，基层墙面如用 1:3 水泥砂浆找平，应对粘结砂浆与基层墙体的粘结力做专门试验。　　　　　　　　　　　　　　　　　　　　　　　（　　）

6. 混凝土或抹灰基层涂刷溶剂型涂料时，含水率不得大于 10%。　　　（　　）

7. 瓷质砖施工过程中，5m 以下的墙面、共享空间可以采用湿贴法发装。（　　）

8. 干挂石材（背栓式）施工时，当板材面积不大于 $1m^2$ 时，一般设 4 个对应孔。

（　　）

9. 保温墙面抹灰施工时，保温板粘贴完毕后至少静置 24h，方可进行下一道工序。

（　　）

第 12 章　编写质量控制措施等质量控制文件、实施质量交底

一、单项选择题

1. 壁纸（布）裱糊工程要求混凝土基层的含水不得大于（   ）%。

A. 8 B. 10 C. 12 D. 15

2. 建筑装饰门窗工程隐蔽项目中不包括（　　）。

A. 预埋件 B. 锚固件

C. 五金配件 D. 预埋木砖的防腐处理

3. 墙面砖工程质量控制点中不包括（　　）。

A. 墙面砖出现小窄边 B. 墙面出现高低差，平整度

C. 面砖空鼓、断裂 D. 瓷砖报价

4. 下列选项中，不属于吊顶工程施工质量计划编制内容的有（　　）。

A. 质量总目标及其分解目标

B. 施工工艺与操作方法的技术措施与施工组织措施

C. 施工质量检验、检测、试验工作、明确检验批验收标准

D. 安全管理措施

5. 下列关于木踢脚板安装技术要点的说法，错误的是（　　）。

A. 踢脚板背面应刷防腐涂料 B. 木踢脚板接缝处应做平接

C. 转角处应做成45°斜角对接 D. 木踢脚板安装后必须与地板面垂直

6. 下列窗帘盒施工流程，正确的顺序是（　　）。

A. 材料准备→安装木基层→窗帘盒安装→定位放线→窗帘轨固定→验收

B. 材料准备→安装木基层→定位放线→窗帘盒安装→窗帘轨固定→验收

C. 材料准备→定位放线→安装木基层→窗帘盒安装→窗帘轨固定→验收

D. 材料准备→定位放线→安装木基层→窗帘轨固定→窗帘盒安装→验收

7. 窗帘轨安装时，当窗宽大于（　　）m时，窗帘轨中间应断开，断开处应煨弯错开，弯曲度应平缓。

A. 0.9 B. 1.2 C. 1.5 D. 1.8

8. 下列关于室内窗台板安装时，泛水做法正确的是（　　）。

A. 室内窗台板面层向室外方向略有倾斜，坡度约1%

B. 室内窗台板面层向室外方向略有倾斜，坡度约3%

C. 室内窗台板面层向室内方向略有倾斜，坡度约1%

D. 室内窗台板面层向室内方向略有倾斜，坡度约3%

9. 玻璃护栏施工时，当栏板玻璃最低点离一侧楼地面高度大于（　　）m时，不得使用承受水平荷载的栏板玻璃。

A. 3 B. 5 C. 8 D. 10

10. 木花格宜选用硬木或杉木制作，其含水率应低于（　　）%。

A. 8 B. 10 C. 12 D. 15

二、多项选择题

1. 进入施工现场的装修材料应核查其（　　）等技术文件是否符合防火设计要求。

A. 燃烧性能 B. 防火性能型式检验报告

C. 耐火极限 D. 挥发性有机化合物（VOC）

E. 合格证书

2. 玻璃护栏及扶手分项工程中，关于玻璃的选用，说法正确的有（　　　）。

A. 不承受水平荷载的栏板玻璃，可以使用公称厚度为 8mm 的钢化玻璃

B. 不承受水平荷载的栏板玻璃，可以使用公称厚度为 6.38mm 的夹层玻璃

C. 承受水平荷载的栏板玻璃，可以使用公称厚度为 10mm 的钢化玻璃

D. 承受水平荷载的栏板玻璃，可以使用公称厚度为 16.76mm 的夹层玻璃

E. 当栏板玻璃最低点离一侧楼地面高度大于 5m 时，不得使用承受水平荷载的栏板玻璃

3. 下列关于楼梯护栏和扶手安装技术要点，说法正确的有（　　　）。

A. 临空高度在 24m 以下时，栏杆高度不应低于 1.05m

B. 临空高度在 24m 及以上时，栏杆高度不应低于 1.05m

C. 如底部有宽度≥0.22，且高度≤0.45m 的可踏部位，栏杆高度应从可踏部位顶面起计算

D. 幼儿园、中小学专用活动场所，护栏竖向杆件净距不应大于 0.11m

E. 栏杆离楼面或屋面 0.10m 高度内不宜留空

4. 下列施工作业在工程划分时，可以划入细部工程的有（　　　）施工作业。

A. 门窗　　　　　　B. 窗帘盒　　　　　　C. 踢脚线

D. 楼梯踏步砖铺贴　　E. 窗台板

5. 下列关于木扶手安装技术要点的说法，正确的有（　　　）。

A. 安装前检查固定木扶手的扁钢是否牢固、平顺

B. 首先安装底层起步弯头和上一层平台弯头，再拉通线，保证斜率

C. 试安装扶手达到要求后，用木螺钉固定木扶手，螺钉间距宜小于 1000mm

D. 木扶手断面宽度或高度超过 100mm 时，宜做暗榫加固

E. 木扶手与墙、柱连接必须牢固

6. 下列关于地毯铺设的技术要点，说法正确的有（　　　）。

A. 每段地毯裁剪尺寸应比房间长度长 20～30mm

B. 簇绒和植绒类地毯裁剪时，相邻两裁口边应呈八字形

C. 采用卡条固定地毯时，应沿房间的四周靠墙壁脚 10～20mm 处将卡条固定于基层上

D. 卡条可用水泥钉固定在基层上，钉距为 500mm 左右

E. 铺设弹性衬垫应将胶粒或波形面朝上

7. 实木地板铺设时，木方、垫木及胶合板等必须进行处理的内容有（　　　）。

A. 防腐　　　　　　B. 防虫　　　　　　C. 防火

D. 防裂　　　　　　E. 防碱

8. 下列关于混凝土整体楼地面施工技术要求的说法，正确的有（　　　）。

A. 水泥强度等级不得小于 32.5 级

B. 粗骨料最大粒径不大于垫层厚度的 2/3

C. 混凝土面层的强度不低于 C15

D. 混凝土垫层的强度不低于 C15

E. 砂应采用中粗砂，不得含有黏土、草根等杂物

9. 下列关于地砖铺贴后擦缝、勾缝的说法，正确的有（　　　）。

A. 地砖铺贴后应在 12h 内进行擦缝、勾缝

B. 缝宽小于 5mm 的擦缝采用相近颜色的专用填缝剂填缝

C. 缝宽在 8mm 以上的采用勾缝，勾缝采用 1∶1 水泥和细砂浆

D. 勾缝时嵌缝要密实、平整、光滑，缝成圆弧形

E. 勾缝时，嵌缝要凹进面砖外表面 5mm

10. 下列关于墙面保温薄抹灰施工网格布铺设的技术要点，正确的有（　　）。

A. 当网格布需要拼接时，搭接宽度应不小于 50mm

B. 在阳角处需从每边双向绕角且相互搭接宽度不小于 200mm

C. 当遇门窗洞口，应在洞口四角处沿 45°方向补贴一块 200mm×300mm 标准网格布

D. 分格缝处，网布相互搭接

E. 网格布应自下而上沿外墙一圈一圈铺设

三、判断题

1. 窗帘轨安装时，当窗宽大于 1.2m 时，窗帘轨中间应断开，断开处应煨弯错开，弯曲度应平缓。　　　　　　　　　　　　　　　　　　　　　　　　　　（　　）

2. 窗台板安装定位时，完成面线宜低于窗框底线 1～2mm。　　　　（　　）

3. 玻璃护栏施工时，当栏板玻璃最低点离一侧楼地面高度大于 3m 时，不得使用承受水平荷载的栏板玻璃。　　　　　　　　　　　　　　　　　　　　　（　　）

4. 木扶手安装时，应首先安装底层起步弯头和上一层平台弯头，再拉通线，保证斜率，然后再由下往上试安装扶手。　　　　　　　　　　　　　　　　　　（　　）

5. 室内窗台板面层向室内方向略有倾斜，坡度约 1%。　　　　　　　（　　）

6. 根据《民用建筑设计通则》GB 50352 规定，临空高度在 24m 以下时，栏杆高度不应低于 1.05m。　　　　　　　　　　　　　　　　　　　　　　　　　　（　　）

7. 不承受水平荷载的栏板玻璃，只能使用公称厚度不小于 5mm 的钢化玻璃。（　　）

8. 玻璃护栏施工时，承受水平荷载的栏板玻璃，应使用公称厚度不小于 12mm 的钢化玻璃或公称厚度不小于 16.76mm 的钢化夹层玻璃。　　　　　　　　　（　　）

9. 混凝土整体楼地面施工时，每一检验批留置一组试件，当一个检验批大于 1000m^2 时，增加一组试件。　　　　　　　　　　　　　　　　　　　　　　　　　（　　）

10. 在面积超过 100m^2 房间进行实木地板铺设时，应预留伸缩缝。　　（　　）

四、案例题

某项目进行地面环氧自流平面层的施工，项目部进行施工方案的编制。主要内容包括：施工温度控制在 5～35℃，相对湿度不宜高于 85%；自流平施工前先进行地面基层的整平工作，平整度不应大于 4mm/2m；采用石膏基自流平砂浆作为找平层等。监理工程师提出问题，要求修改。

根据背景资料，回答下列 1～6 问题。

1. 自流平地面工程施工前应编制施工方案，并应按施工方案进行技术交底。（　　）（判断题）

2. 该工程自流平施工过程，可以采用石膏基自流平砂浆作为找平层。（　　）（判断题）

3. 环氧树脂自流平地面施工环境温度宜为（　　）℃。（单项选择题）

A. 5～30　　　　　B. 5～35　　　　　C. 15～25　　　　　D. 5～25

4. 环氧树脂自流平地面施工环境相对湿度不宜高于（　　）％。（单项选择题）

A. 60　　　　　B. 70　　　　　C. 80　　　　　D. 90

5. 环氧树脂自流平地面施工前先进行基层的整平工作，平整度不应大于（　　）。（单项选择题）

A. 3mm/2m　　　　　B. 4mm/2m　　　　　C. 3mm/5m　　　　　D. 4mm/5m

6. 下列关于自流平面层允许偏差和检验方法的说法，正确的有（　　）。（多项选择题）

A. 表面平整度允许偏差为 2mm，验收时用 2m 靠尺配合楔形塞尺进行检查

B. 表面平整度允许偏差为 3mm，验收时拉 5m 通线配合钢直尺进行检查

C. 缝格平直度允许偏差为 2mm，验收时用 2m 靠尺配合楔形塞尺进行检查

D. 缝格平直度允许偏差为 3mm，验收时用 2m 靠尺配合楔形塞尺进行检查

E. 缝格平直度允许偏差为 3mm，验收时拉 5m 通线配合钢直尺进行检查

第13章　装饰装修工程质量检查、验收与评定

一、单项选择题

1. 下列关于观感质量验收的说法，错误的是（　　）。

A. 观感质量的验收应由参加验收的监理人员给出评价结果

B. 观感质量的验收以观察、触摸或简单量测的方式进行，并结合验收人的主观判断

C. 观感质量的验收结论一般以"好"、"一般"、"差"为质量评价结果

D. 观感质量验收时，如质量评价结果为"差"的检查点应进行返修处理

2. 下列不属于单位工程观感质量验收的验收结论的是（　　）。

A. 好　　　　　B. 合格　　　　　C. 一般　　　　　D. 差

3. 下列可不参加单位工程质量验收的人员是（　　）。

A. 总监理工程师　　　　　　　　B. 设计单位项目负责人

C. 施工单位项目负责人　　　　　D. 采购单位项目负责人

4. 下列分部工程验收过程中，需要设计单位项目负责人参加的是（　　）。

A. 主体结构和建筑节能　　　　　B. 装饰装修和电梯

C. 建筑给水排水及供暖和通风与空调　　D. 建筑电气和智能建筑

5. 下列关于单位工程定义和划分的说法，错误的是（　　）。

A. 单位工程应具有独立的施工条件和能形成独立的使用功能

B. 单位工程可在施工前由建设、监理、施工单位商议确定

C. 一个单位工程往往由多个分部工程组成

D. 一个建设工程施工合同只能涉及一个单位工程

6. 建设工程项目竣工验收可以分为三个环节，分别是（　　）。

A. 施工单位验收、监理验收、建设单位验收

B. 验收准备、竣工预验收、正式验收

C. 材料验收、资料验收、施工验收

D. 单元验收、单位验收、单项验收

7. 下列各项不属于单位工程质量控制资料核查记录表控制内容的是（　　）。

A. 图纸会审记录　　　　　　　　　B. 隐蔽工程验收记录

C. 施工记录　　　　　　　　　　　D. 施工组织设计

8. 下列各项属于建筑与结构分部工程安全和功能检查项目的是（　　）。

A. 室内环境检测报告

B. 灯具固定装置及悬吊装置的载荷强度试验记录

C. 洁净室洁净度测试记录

D. 设备系统节能性能检查记录

9. 单位工程验收时，验收签字人员应由相应单位的（　　）书面授权。

A. 法人代表　　　B. 项目负责人　　　C. 项目技术负责人　　D. 项目质量负责人

二、多项选择题

1. 下列质量验收过程需要对观感质量进行验收的有（　　）。

A. 工序质量验收　　　　　　　　　B. 检验批质量验收

C. 分项工程质量验收　　　　　　　D. 分部工程质量验收

E. 单位工程质量验收

2. 单位工程质量验收合格除所含分部工程的质量验收均应合格外，还应符合（　　）。

A. 质量控制资料应完整

B. 所含分部工程中有关安全、节能、环境保护和主要使用功能的检验资料应完整

C. 主要使用功能的抽查结果应符合相关专业验收规范的规定

D. 观感质量应符合要求

E. 专业监理工程师组织施工单位所进行竣工预验收质量合格

3. 单位工程质量验收，应由建设单位项目负责人组织（　　）等单位的项目负责人进行。

A. 监理　　　　　B. 设计　　　　　C. 施工

D. 采购　　　　　E. 勘察

4. 下列关于分部工程质量验收合格的规定，说法正确的有（　　）。

A. 所含分项工程的质量均应验收合格

B. 质量控制资料应完整

C. 分部工程必须有设计、勘察单位共同参与

D. 观感质量应符合要求

E. 分部工程应由专业监理工程师组织

5. 下列分项工程属于建筑装饰装修分部工程的有（　　）。

A. 玻璃幕墙安装　　　　　　　　　B. 卫生器具安装

C. 基层铺设　　　　　　　　　　　D. 外墙砂浆防水

E. 木结构的防护

三、判断题

1. 地基与基础分部工程的验收应由施工、勘察、设计单位项目负责人和总监理工程师参加并签字。 （　　）

2. 建筑工程可以划分为十个分部，其中包括建筑装饰装修分部工程。 （　　）

3. 工程竣工预验收除参加人员与竣工验收不同外，其方法、程序、要求等均应与工程竣工验收相同。 （　　）

4. 对于观感质量检查结果为"差"的检查点应进行返工处理。 （　　）

5. 观感质量验收一般以观察、触摸或简单量测的方式进行。 （　　）

四、案例题

某办公楼装修项目施工，地面为有防静电要求的活动地板面层；顶面采用轻钢龙骨安装矿棉板吊顶面层（龙骨可见）；墙面为轻钢龙骨石膏板隔墙涂刷乳胶漆面层；一侧墙面安装有固定壁柜、吊柜等。项目部施工完成后，经自检合格后，报请监理工程师进行验收。

根据背景资料，回答下列 1～6 问题。

1. 该工程吊顶工程矿棉板与轻钢龙骨的搭接宽度应大于龙骨受力面宽度的 1/3。（　　）（判断题）

2. 骨架隔墙内的填充材料应干燥，填充应密实、均匀、无下坠。（　　）（判断题）

3. 下列关于活动地板面层验收允许偏差和检验方法的说法，正确的是（　　）。（单项选择题）

A. 表面平整度允许偏差为 2mm，验收时拉 5m 通线，配合钢直尺检查

B. 缝格平直允许偏差为 3mm，验收时拉 5m 通线，配合钢直尺检查

C. 接缝高低差允许偏差为 0.5mm，验收时用钢尺，配合楔形塞尺检查

D. 板块间隙宽度允许偏差为 0.3mm，验收时用钢尺检查

4. 下列关于涂料涂饰分项工程检验批抽查数量的说法，正确的是（　　）。（单项选择题）

A. 每个检验批应至少抽查 5%，并不得少于 3 间；不足 3 间应全数检查

B. 每个检验批应至少抽查 5%，并不得少于 5 间；不足 5 间应全数检查

C. 每个检验批应至少抽查 10%，并不得少于 3 间；不足 3 间应全数检查

D. 每个检验批应至少抽查 10%，并不得少于 5 间；不足 5 间应全数检查

5. 轻钢龙骨隔墙表面封纸面石膏板的表面平整度允许偏差为（　　）mm。（单项选择题）

A. 1　　　　　　　B. 2　　　　　　　C. 3　　　　　　　D. 4

6. 该项目中，需要进行隐蔽工程验收的项目有（　　）。（多项选择题）

A. 吊顶内管道、设备的安装及水管试压

B. 轻钢龙骨隔墙中边框龙骨与基体连接的牢固度

C. 矿棉板安装的允许偏差

D. 活动地板中的游离甲醛含量

E. 橱柜安装预埋件的数量、规格、位置等

第14章 工程质量缺陷的识别、分析与处理

一、单项选择题

1. 窗台抹灰一般常在窗台中间部位出现一条或多条裂缝，其主要原因是（ ）。

A. 窗口处长期受到阳光照射，抹灰层由于受热不均造成开裂现象

B. 窗口处墙身与窗间墙自重大小不同，因基础刚度不足引起的沉降差使窗台抹灰裂缝

C. 冬期施工时，窗口处冷热交替频繁，抹灰层在反复的冻融循环过程中产生开裂

D. 窗口处抹灰施工结束后，第 2d 未进行浇水养护，且养护时间不足 7d

2. 抹灰完工后，室内墙面、柱面和门洞口等处应采用配合比（ ）水泥砂浆制作阳角护角。

A. 1：1　　　　　 B. 1：2　　　　　 C. 1：2.5　　　　　 D. 1：3

3. 门窗框周边是砖墙时，砌墙时可（ ）以便与连接件连接。

A. 砌入混凝土预制块　　　　　　 B. 砌入小型碎砖块

C. 在砂浆中加入减水剂　　　　　　 D. 使用高强度砌块砖

4. 下列关于门窗玻璃安装的说法正确的是（ ）。

A. 门窗玻璃可直接接触型材

B. 单面镀膜玻璃的镀膜层应朝向室外

C. 磨砂玻璃的磨砂应朝向室内

D. 中空玻璃的单层镀膜玻璃应在最内层

5. 当吊顶施工时，吊杆长于 1.5m 时，需要设置反支撑。反支撑的间隔不得大于（ ）m。

A. 1.2　　　　　 B. 1.8　　　　　 C. 2.4　　　　　 D. 3.6

6. 吊顶格栅四周为抹灰墙面时，周边的吊顶格栅应离开墙面一定距离，以防止面层变形并便于安装吊顶面板及压条。下列留置的距离正确的是（ ）。

A. 5　　　　　 B. 15　　　　　 C. 25　　　　　 D. 35

7. 内墙涂料喷涂时，应事先检查喷涂设备，喷涂压力不得大于（ ）MPa。

A. 0.2　　　　　 B. 0.3　　　　　 C. 0.4　　　　　 D. 0.5

二、多项选择题

1. 某项目防水涂层厚度的设计要求为 1.5mm 厚，下列检验数据，符合验收要求的有（ ）。

A. 1.5mm　　　　　 B. 1.45mm　　　　　 C. 1.35mm

D. 1.25mm　　　　　 E. 1.2mm

2. 纤维板吊顶面层装钉后，部分板块逐渐产生凹凸变形现象的原因有（ ）。

A. 纤维板在使用中吸收水分

B. 装钉时，从四角或四周向中心排钉装钉

C. 吊顶格栅造型不对称、布局不合理

D. 装钉板块时，板块接头未留空隙

E. 吊顶分格过大

3. 为防止内墙涂料涂层色淡且该处易掉粉末，采取的措施有（　　）。

A. 施工气温不宜过低，应在10℃以上

B. 基层须干燥，含水率应小于12％

C. 混凝土龄期应不小于14d

D. 涂料随时加水，保持配合比稳定

E. 根据基层选择不同的腻子

4. 涂饰工程施工时，外墙涂料饰面起鼓、起皮、脱落的原因有（　　）。

A. 基层pH值为9.5　　　　　　　　　B. 基层表面不坚实

C. 基层表面有油污、粉尘等　　　　　D. 基层含水率为8％

E. 基层表面太光滑，腻子强度低

三、判断题

1. 门窗框安装过程中，应推广使用含沥青的软质材料，以免PVC腐蚀。　　（　　）

2. 门窗框安装过程中，应根据不同的墙体材料采用不同的锚固方法，砖墙上不得采用射钉锚固。　　　　　　　　　　　　　　　　　　　　　　　　　（　　）

3. 吊顶木格栅施工过程中，格栅拱度不匀，局部超差过大，可利用吊杆或吊筋螺栓把拱度调匀。　　　　　　　　　　　　　　　　　　　　　　　　　　（　　）

4. 饰面板砖粘贴施工用的水泥砂浆配合比应准确，施工人员需要根据具体情况，随时加水或加灰调节。　　　　　　　　　　　　　　　　　　　　　　　　（　　）

5. 铺设地面瓷砖时，单块砖允许有空鼓，但空鼓面积不得超过该瓷砖面积的5％。
（　　）

6. 采用湿作业法施工的饰面板工程，石材应进行防碱背涂处理。　　（　　）

7. 多彩内墙涂料产生流挂现象的主要原因是喷涂涂料太厚，自重较大，涂料不能很好挂住。　　　　　　　　　　　　　　　　　　　　　　　　　　　　　（　　）

第15章　参与调查、分析质量事故、提出处理意见

一、单项选择题

1. 下列造成施工质量缺陷的因素中，起决定性的因素是（　　）。

A. 人的因素　　　　B. 机械的因素　　　　C. 环境的因素　　　　D. 材料的因素

2. 项目质量控制应以控制（　　）为基本出发点。

A. 人的因素　　　　B. 机械的因素　　　　C. 环境的因素　　　　D. 材料的因素

3. 某项目防水施工过程中，发现防水涂料涂刷的厚度仅有1.0mm，不符合质量要求。下列关于质量原因的分析最符合的是（　　）。

A. 防水涂料价格过高　　　　　　　　B. 对施工人员管理不到位

C. 测量方法违反规定　　　　　　　D. 基层含水率过大

4. 某项目抹灰过程中，由同一个工人施工的两个区域中的一个区域出现大面积空鼓，另一个区域质量合格。项目部调查发现，出现空鼓的墙面在抹灰前1d才砌筑好。下列关于质量原因的分析最符合的是（　　）。

A. 施工方法问题　　B. 施工工序问题　　C. 技术间歇问题　　D. 施工人员问题

5. 某项目壁纸施工过程中出现大面积空鼓现象，经项目部调查发现列举了一些问题，并提出整改措施，其中最有效的是（　　）。

A. 裱糊工人无资质，派遣有资质的工人施工

B. 改变壁纸种类，采用不易产生空鼓的壁纸种类

C. 施工预算太低，增加壁纸铺贴资金投入

D. 施工检查不到位，加强监督监管的力度

6. 下列不属于发生木饰面表面大面积色差的主要原因的是（　　）。

A. 施工人员未按图纸编号施工

B. 木饰面表面采用不饱和聚酯漆

C. 木饰面贴皮的材质种类不同

D. 现场制作木饰面，工业化程度较低

7. 一般情况下，建筑装饰装修工程施工质量应尽可能在（　　）验收时发现和纠正。

A. 检验批　　　　　　B. 分项工程　　　　　　C. 分部工程　　　　　　D. 单位工程

8. 下列关于质量事故理解的说法，正确的是（　　）。

A. 构成质量事故的要素是必须有施工人员的伤亡

B. 质量事故一般不存在于建筑装饰装修过程中

C. 质量事故与质量问题主要是以人员伤亡和直接经济损失划分的

D. 质量事故通常是由于工人的疏忽所致

二、多项选择题

1. 施工质量缺陷原因分析应针对影响施工质量的几大因素，这些因素有（　　）。

A. 人的因素　　　　　B. 机械的因素　　　　C. 环境的因素

D. 经济的因素　　　　E. 材料的因素

2. 针对建筑装饰装修工程施工质量问题进行分析的统计方法有（　　）。

A. 排列图法　　　　　B. 价值分析法　　　　C. 关系图法

D. 调查表法　　　　　E. 散布图法

三、判断题

1. 造成质量事故的五大要素中"人的要素"主要是指施工人员素质参差不齐的因素。
（　　）

2. 影响施工质量的五大因素包括"人、机械、材料、施工方法、环境条件"。（　　）

3. 影响施工质量中的"环境条件"是指现场水文、地质、气象等自然环境，通风、照明、安全等作业环境。
（　　）

4. 在施工过程中，缩短工期、降低成本必然造成施工质量问题。（　　）

5. 提高施工中的工业化水平，是提高建筑装饰装修工程施工质量的重要措施。
（　　）

6. 工程项目施工是由一系列相互关联、相互制约的工序构成的，因此工序的质量控制是施工阶段质量控制的重点。
（　　）

四、案例题

某项目门厅进行水磨石面层施工，设计文件中规定以普通水磨石面层标准进行验收，项目部进行了施工方案的编制。主要内容如下：浅色的水磨石面层采用硅酸盐水泥；彩色面层采用酸性颜料进行调色，掺入量为水泥重量的 5％；水磨石面层结合层采用水泥砂浆。监理工程师验收时，发现有若干区域出现空鼓现象。

根据背景资料，回答下列 1～6 问题。

1. 水磨石面层调色时，可以掺入酸性颜料。（　　）（判断题）

2. 浅色水磨石面层，宜采用硅酸盐水泥、普通硅酸盐水泥或矿渣硅酸盐水泥制作。
（　　）（判断题）

3. 下列关于该项目验收划分检验批的方式，正确的是（　　）。（单项选择题）

A. 以每个单间为一个自然间计算　　　　B. 以 10 延长米为一个自然间计算

C. 以两个轴线为一个自然间计算　　　　D. 以 100m² 为一个自然间计算

4. 下列关于判定水磨石空鼓是否能满足验收要求的说法，正确的是（　　）。（单项选择题）

A. 空鼓面积不应大于 400cm²，且每自然间或标准间不应多于 2 处

B. 空鼓面积不应大于 400cm²，且每自然间或标准间不应多于 3 处

C. 空鼓面积不应大于 500cm²，且每自然间或标准间不应多于 2 处

D. 空鼓面积不应大于 500cm²，且每自然间或标准间不应多于 3 处

5. 当水磨石面层的结合层采用水泥砂浆时，强度等级应符合设计要求且不应小于（　　）。（单项选择题）

A. M5　　　　　　　B. M7.5　　　　　　C. M10　　　　　　　D. M15

6. 下列关于普通水磨石面层质量检验标准的说法，正确的有（　　）。（多项选择题）

A. 水磨石表面平整度偏差不得大于 3mm

B. 水磨石踢脚线上口平直度偏差不得大于 2mm

C. 水磨石缝格平直度偏差不得大于 3mm

D. 普通水磨石面层磨光遍数不应少于 2 遍

E. 水磨石颜料掺入量可以为 5％

第16章　编制、收集、整理质量资料

一、单项选择题

1. 由于工程负责人片面追求施工进度，放松或不按质量标准进行控制和检验，降低施工质量标准，造成的质量事故通常可以归为（　　）。

A. 指导责任事故　　　B. 操作责任事故　　　C. 自然灾害事故　　　D. 技术责任事故

2. 事故调查是事故分析与处理的主要依据。下列关于事故调查的基本要求，说法错误的是（　　）。

A. 及时　　　　　　　B. 客观　　　　　　　C. 全面　　　　　　　D. 灵活

3. 技术文件和档案是施工质量事故处理的重要依据。下列各项属于施工质量事故处理的技术文件和档案的是（　　）。

A. 质量事故的观测记录　　　　　　　　B. 工程承包合同

C. 现场的施工记录　　　　　　　　　　D. 质量事故发展变化的情况

4. 下列关于事故调查阶段提交调查报告工作的说法，正确的是（　　）。

A. 事故调查报告应包含事故造成的人员伤亡和直接经济损失

B. 事故调查报告应对事故发生的原因进行全面的分析

C. 事故调查报告应提出制定事故处理的技术方案

D. 事故调查报告应做出对事故相关责任人员的处理意见

5. 事故调查的调查结果应整理成事故调查报告，该报告是事故分析与处理提供正确的依据，下列属于事故调查报告的主要内容的是（　　）。

A. 事故发生的原因和事故性质　　　　　B. 事故处理的内容

C. 事故处理的技术方案　　　　　　　　D. 事故的原因分析

二、多项选择题

施工质量事故报告通常应包括的内容有（　　）。

A. 事故发生的时间、地点、项目名称

B. 事故发生的简要经过、伤亡人数

C. 事故发生的原因和事故性质

D. 事故发生后采取的措施及事故控制情况

E. 事故报告单位、联系人及联系方式

三、判断题

1. 工程质量缺陷是指建筑工程施工质量中不符合规定要求的检验项或检验点，按其程度可分为严重缺陷和一般缺陷。　　　　　　　　　　　　　　　　　　　　（　　）

2. 建筑装饰装修工程常见的施工质量缺陷可概括为"空、裂、渗、观感效果差"等。
　　　　　　　　　　　　　　　　　　　　　　　　　　　　　　　　　　　（　　）

3. 自然灾害事故由于不是人为责任直接造成，一般不追究相关人员的责任。（　　）

4. 事故调查时，未造成人员伤亡的一般事故，可以由县级人民政府委托事故发生单位组织事故调查组进行调查。　　　　　　　　　　　　　　　　　　　　　　　（　　）

5. 工程质量事故发生后，事故现场有关人员应先组织现场救援后再向工程建设单位负责人报告。　　　　　　　　　　　　　　　　　　　　　　　　　　　　　　（　　）

四、案例题

某商场进行内部装修工程。验收过程中发现瓷砖有大量空鼓、脱落现象，经过分析，为瓷砖铺贴过程中，工人操作不当造成，且部分瓷砖质量存在问题。

根据背景资料，回答下列1~6问题。

1. 墙面瓷砖粘贴时应多敲击，使浆水集中于面砖底部，不易形成空鼓。（   ）（判断题）

2. 瓷砖粘贴时，在同一施工面上，采用不同配合比的砂浆，会引起不同的干缩率而开裂、空鼓。（   ）（判断题）

3. 瓷质砖是指吸水率（E）不超过（   ）%的陶瓷砖。（单项选择题）

A. 0.5　　　　　B. 3　　　　　C. 6　　　　　D. 10

4. 下列不属于瓷质砖特点的是（   ）。（单项选择题）

A. 密实度好　　　B. 吸水率低　　　C. 强度高　　　D. 耐磨性一般

5. 饰面板（砖）工程中，不需进行复验的项目是（   ）。（单项选择题）

A. 外墙陶瓷面砖的吸水率

B. 室内用大理石的放射性

C. 粘贴用水泥的凝结时间、安定性和抗压强度

D. 寒冷地区外墙陶瓷的抗冻性

6. 下列关于饰面砖粘贴工程施工质量控制要点的说法，正确的有（   ）。（多项选择题）

A. 饰面砖的品种选择应以国家规范为主要依据

B. 饰面砖粘贴必须牢固

C. 阴阳角处搭接方式应符合设计要求

D. 外墙饰面砖粘贴前应在相同基层上做样板件，并进行粘结强度试验

E. 满粘法施工的饰面砖工程应无空鼓、裂缝

第17章　建筑装饰工程的衡量标准

一、单项选择题

1. 建设单位应当自领取施工许可证之日起（   ）个月内开工，因故不能按期开工的，应当向发证机关申请延期。

A. 一　　　　　B. 二　　　　　C. 三　　　　　D. 四

2. 建筑工程开工前，建设单位应当按照国家的规定，向工程所在地（   ）级以上人民政府建设行政主管部门申请领取施工许可证。

A. 省　　　　　B. 市　　　　　C. 县　　　　　D. 地

3. 建筑工程的发包单位与承包单位应当依法订立（   ）施工合同，明确双方的权利和义务。

A. 口头　　　　B. 书面　　　　C. 临时　　　　D. 正式

4. 民用建筑工程及室内装修工程的室内环境质量验收，应在工程完工至少（   ）d以后，工程交付使用前进行。

A. 1　　　　　B. 3　　　　　C. 5　　　　　D. 7

5. 全国建筑装饰工程奖复查工作的重点是（　　）。

A. 奖优罚劣　　　　B. 排除隐患　　　　C. 精品评选　　　　D. 质量评定

6. 石材幕墙金属挂件与石材固定材料应选用（　　）。

A. 干挂石材用环氧树脂胶　　　　　　B. 不饱和聚酯类胶粘剂

C. 云石胶　　　　　　　　　　　　　D. 瓷砖胶粘剂

7. 当住宅、幼儿园及小学等儿童活动场所电源插座底边距地面高度低于（　　）m时，必须选用安全型插座。

A. 1.8　　　　　　　B. 2.0　　　　　　　C. 2.2　　　　　　　D. 2.4

8. 质量大于（　　）的灯具其固定装置应按 5 倍灯具重量的恒定均布载荷全数作强度试验，历时 15min，固定装置的部件应无明显变形。

A. 3kg　　　　　　　B. 5kg　　　　　　　C. 8kg　　　　　　　D. 10kg

9. 文化娱乐、商业服务、体育、园林景观建筑等允许少年儿童进入活动的场所，当采用垂直杆件做栏杆时，其杆件净距也应（　　）。

A. ≤0.11m　　　　　B. ≥0.11m　　　　　C. ≤0.20m　　　　　D. ≥0.20m

10. 开向公共走道的窗扇，其底面高度应（　　）。

A. ≥1.5m　　　　　B. ≥1.8m　　　　　C. ≥2.0m　　　　　D. ≥2.5m

11. 下列关于实木地板毛地板铺设的说法，错误的是（　　）。

A. 实木地板毛地板宜采用变形较小的天然、风干、长条板材

B. 铺设时木材髓心应向下

C. 板间缝隙应≤3mm

D. 与墙之间应留 8～12mm 的空隙，表面应刨平

12. 楼座前排栏杆和楼层包厢栏杆高度不应遮挡视线，不应大于（　　）m，并应采取措施保证人身安全，下部实心部分不得低于（　　）m。

A. 0.85；0.40　　　B. 0.85；0.10　　　C. 0.55；0.40　　　D. 0.55；0.10

二、多项选择题

1. 装饰施工企业拟申报"市优"、"省优"、"国优"的项目，施工合同应重点关注的重点有（　　）。

A. 施工范围及施工内容　　　　　　　B. 合同是否申报

C. 中标通知书　　　　　　　　　　　D. 有无特殊约定条款

E. 申报工程名称与合同中工程名称是否相符

2. 担任建筑装饰"精品工程"项目的项目经理必须提供的资料有（　　）。

A. 项目经理证书　　　　　　　　　　B. 安全考核证（安全生产 B 证）

C. 身份证　　　　　　　　　　　　　D. 专业职务证书

E. 企业聘任证明

3. 装饰施工企业拟申报"市优"、"省优"、"国优"的项目，企业必须具备的资质资料有（　　）。

A. 企业法人证照　　　　　　　　　　B. 资质等级证书

C. 安全生产许可证　　　　　　　　　D. 企业专业技术人员配备

E. 企业全部的工程业绩

4. 拟创建筑装饰"精品工程"的项目，应特别关注的安全隐患问题有（　　）。

A. 改动建筑主体、承重结构、增加结构荷载的安全问题

B. 室内干挂石材墙、柱面的安全问题

C. 共享空间、中庭的栏杆、栏板，临空落地窗及楼梯防护的安全问题

D. 大型吊灯安装的安全问题

E. 普通玻璃使用的相关问题

5. 饰面板安装工程的（　　）和防腐处理必须符合设计要求。

A. 预埋件（或后置埋件）　　　　　　　B. 连接件数量

C. 连接件规格　　　　　　　　　　　　D. 连接件位置

E. 连接件生产厂家

6. 石材幕墙工程应对（　　）进行复验。

A. 石材幕墙挂件材质　　　　　　　　　B. 石材幕墙挂件规格

C. 石材幕墙挂件厚度　　　　　　　　　D. 石材幕墙挂件数量

E. 石材放射性

7. 下列关于建筑装饰玻璃使用方法的说法，正确的有（　　）。

A. 双面弹簧门应在可视高度部分安装透明安全玻璃

B. 安装压花玻璃，压花面应朝室外；安装磨砂玻璃，磨砂面应朝室内

C. 磨砂玻璃用在厨房间时，磨砂面应朝外，否则厨房间的油烟粘在磨砂面上不宜清洗

D. 全玻璃门应采用安全玻璃，并应在玻璃门上设置防冲撞提示标识

E. 天窗必须采用安全玻璃

8. 造成大理石楼、地面空鼓的主要原因有（　　）。

A. 大理石材质松软，有背网，施工时不可能将背网撕下后再铺贴

B. 一般情况下，楼地面铺贴石材已是工程尾声，肯定进入倒计时阶段，工期紧迫，施工程序已经顾不上了

C. 铺贴石材的水泥砂浆尚未到达终凝期，就上机打磨进入镜面处理阶段，机器抖动将水泥砂浆振得酥松

D. 成品保护未及时进行

E. 工期紧迫，项目抢工

9. 下列关于公共建筑室内外台阶踏步的说法，正确的有（　　）。

A. 公共建筑室内外台阶踏步的宽度不宜<0.30m

B. 踏步的高度不宜>0.15m且不宜<0.10m

C. 相邻踏步的宽差、高差应≤10mm

D. 踏步坡度应内高外低，约0.5%

E. 踏步坡度应内低外高，约0.5%

三、判断题

1. 建设单位领取施工许可证后因故不能按期开工的，应当向发证机关申请延期。延

期以两次为限，每次不超过三个月。 （　　）

2. 承包建筑工程的单位应当持有依法取得的资质证书，并在其资质等级许可的业务范围内承揽工程。 （　　）

3.《建设工程安全生产管理条例》第三十六条：施工单位的主要负责人、项目负责人、专职安全生产管理人员应当经建设主管部门或者其他有关部门考核合格后方可任职。 （　　）

4. 室内环境质量验收不合格的民用建筑工程，严禁投入使用。 （　　）

5. 依法应当进行消防验收的建设工程，未经消防验收或者消防验收不合格的，禁止投入使用；其他建设工程经依法抽查不合格的，应当停止使用。 （　　）

6. 对不能整改、不愿整改的受检项目实行质量安全的"一票否决制"。 （　　）

7. 在砌体和混凝土结构上应使用木楔、尼龙塞或塑料塞安装固定电气照明装置。 （　　）

8. 承受水平荷载时，栏板玻璃的使用应符合《建筑玻璃应用技术规程》JGJ 113—2015 的规定且公称厚度不小于 12mm 的钢化玻璃或公称厚度不小于 16.76mm 钢化夹层玻璃。 （　　）

9. 满粘法施工的饰面砖工程应无空鼓、裂缝。 （　　）

10. 玻璃栏板只能用于室内，玻璃栏板可采用点式安装方式，也可采用框式安装方式。 （　　）

11. 每个梯段的踏步数应不多于 18 级、不少于 3 级；室内台阶踏步数应不少于 2 级，当高差不足 2 级时，应按坡道设置。 （　　）

12. 楼梯、台阶的踏步板上及坡道上面均应设防滑条（槽）。 （　　）

13. 高大厅堂管线较多的吊顶内，应留有检修空间，并根据需要设置检修走道和便于进入吊顶的人孔，且应符合有关防火及安全要求。 （　　）

14. 天棚吊顶施工前必须根据设计图纸与现场实际尺寸进行校对，将原设计图纸上的灯具、烟感器、喷淋头、风口、检修孔、吸顶式空调等位置进行调整；在满足功能要求的前提下，应做到"对称、平直、均匀、有规律"。 （　　）

15. 合页的承重轴应安装在门框上，框三、扇二不得装反；一字形或十字形木螺钉的凹槽方向宜调整在同一方向。 （　　）

三、参 考 答 案

第1章

一、单项选择题

1. A；2. B；3. D；4. D；5. D；6. B；7. C；8. D；9. A；10. A；11. D；12. D

二、多项选择题

1. CD；2. ABCE；3. BD；4. AB；5. BDE；6. AB

三、判断题（A 表示正确，B 表示错误）

1. B；2. B；3. B；4. A；5. B；6. A

第2章

一、单项选择题

1. C；2. C；3. B；4. C；5. B；6. B；7. C；8. D；9. C；10. B；11. A；12. D；
13. D；14. B；15. D；16. B

二、多项选择题

1. ABCE；2. ABCD；3. ABDE；4. ABC；5. ABC；6. BDE；7. ABC；8. ABCD；
9. ACD；10. ABCD；11. BC；12. ABCD；13. BD；14. AD

三、判断题（A 表示正确，B 表示错误）

1. B；2. A；3. A；4. A；5. A；6. A；7. A；8. B；9. B；10. A；11. A；12. A；
13. A；14. A；15. A；16. A

第3章

一、单项选择题

1. A；2. B；3. A；4. D；5. D；6. C；7. A；8. D；9. D；10. D

二、多项选择题

1. DE；2. ABCD；3. ABCE；4. ABD；5. ACD

三、判断题（A 表示正确，B 表示错误）

1B；2. B；3. B；4. B；5. A

第 4 章

一、单项选择题

1. B；2. D；3. B；4. D；5. C

二、多项选择题

1. ABCD；2. ACDE；3. ABCD；4. ABCD；5. ACDE

三、判断题（A 表示正确，B 表示错误）

1. A；2. A；3. B

四、案例题

1. A；2. A；3. C；4. C；5. A；6. CDE

第 5 章

一、单项选择题

1. C；2. A；3. C；4. A；5. C；6. C；7. D；8. A；9. C；10. B

二、多项选择题

1. BCD；2. CDE；3. ACDE；4. ABDE；5. ABCE；6. BCDE；7. ACD；8. BCD；
9. AC；10. BCD

三、判断题（A 表示正确，B 表示错误）

1. B；2. A；3. B；4. B；5. B；6. B；7. B；8. B；9. B；10. B

四、案例题

1. A；2. B；3. B；4. B；5. B；6. ABC

第6章

一、单项选择题

1. A；2. B；3. B；4. D；5. B；6. C；7. D；8. B；9. B；10. C

二、多项选择题

1. ABCD；2. BC；3. ABC；4. ACD；5. ABCD；6. ABCD；7. ABD；8. ABCD；
9. ABC；10. ACE

三、判断题（A 表示正确，B 表示错误）

1. A；2. A；3. B；4. A；5. B；6. A；7. B；8. B；9. B；10. A

四、案例题

1. A；2. A；3. C；4. B；5. D；6. ACD

第7章

一、单项选择题

1. A；2. C；3. D

二、多项选择题

1. ACDE；2. ABCD；3. ABDE

三、判断题（A 表示正确，B 表示错误）

1. A；2. A；3. A

第8章

一、单项选择题

1. D；2. C；3. B；4. B；5. A；6. C；7. A；8. B；9. C；10. A

二、多项选择题

1. AD；2. BC；3. AE；4. ABDE

三、判断题（A 表示正确，B 表示错误）

1. B；2. B；3. B；4. A；5. B

第 9 章

一、单项选择题

1. C；2. D；3. A；4. C；5. D；6. D；7. B；8. B

二、多项选择题

1. ABCD；2. ABCD；3. BCE；4. ACD；5. BC

三、判断题（A 表示正确，B 表示错误）

1. A；2. A；3. B；4. B；5. B

第 10 章

一、单项选择题

1. C；2. B；3. C；4. B；5. C；6. D；7. B；8. B；9. C；10. A；11. A；12. D；13. C；14. B；15. D；16. B；17. C

二、多项选择题

1. ABCE；2. ABC；3. BCE；4. ABE；5. ABCD；6. ACE

三、判断题（A 表示正确，B 表示错误）

1. A；2. A；3. B；4. A

四、案例题

1. B；2. A；3. B；4. D；5. C；6. CDE

第 11 章

一、单项选择题

1. C；2. A；3. B；4. C；5. C；6. B；7. B；8. A；9. D；10. B

二、多项选择题

1. BCE；2. BDE；3. BDE；4. BCD；5. ABCD

三、判断题（A 表示正确，B 表示错误）

1. A；2. A；3. B；4. B；5. A；6. B；7. B；8. A；9. A

第 12 章

一、单项选择题

1. A；2. C；3. D；4. D；5. B；6. C；7. B；8. C；9. B；10. C

二、多项选择题

1. ABCE；2. ABDE；3. ACDE；4. BCE；5. ABE；6. ABC；7. ABC；8. ABDE；9. CD；10. BCD

三、判断题（A 表示正确，B 表示错误）

1. A；2. B；3. B；4. A；5. A；6. A；7. B；8. A；9. A；10. A

四、案例题

1. A；2. B；3. C；4. C；5. A；6. AE

第 13 章

一、单项选择题

1. A；2. B；3. D；4. A；5. D；6. B；7. D；8. A；9. A

二、多项选择题

1. DE；2. ABCD；3. ABCE；4. ABD；5. ACD

三、判断题（A 表示正确，B 表示错误）

1. A；2. A；3. A；4. B；5. A

四、案例题

1. B；2. A；3. D；4. C；5. C；6. ABE

第 14 章

一、单项选择题

1. B；2. B；3. A；4. C；5. D；6. C；7. B

二、多项选择题

1. ABC；2. ABDE；3. AE；4. BCE

三、判断题（A 表示正确，B 表示错误）

1. B；2. A；3. A；4. B；5. B；6. A；7. A

第 15 章

一、单项选择题

1. A；2. A；3. B；4. C；5. A；6. B；7. A；8. C

二、多项选择题

1. ABCE；2. ACDE

三、判断题（A 表示正确，B 表示错误）

1. B；2. A；3. B；4. B；5. A；6. A

四、案例题

1. B；2. B；3. C；4. A；5. C；6. ACE

第 16 章

一、单项选择题

1. A；2. D；3. C；4. A；5. A

二、多项选择题

ABDE

三、判断题（A 表示正确，B 表示错误）

1. A；2. A；3. B；4. A；5. B

四、案例题

1. B；2. A；3. A；4. D；5. B；6. BCDE

第 17 章

一、单项选择题

1. C；2. C；3. B；4. D；5. B；6. A；7. A；8. D；9. A；10. C；11. B；12. A

二、多项选择题

1. ACDE；2. ABC；3. ABCD；4. ABCD；5. ABCD；6. ABC；7. ABCD；8. ABCD；
9. ABCD

三、判断题（A 表示正确，B 表示错误）

1. A；2. A；3. A；4. A；5. A；6. A；7. B；8. A；9. A；10. B；11. A；12. A；
13. A；14. A；15. A

第三部分

模 拟 试 卷

模 拟 试 卷

第一部分 专业基础知识（共 60 分）

一、单项选择题（以下各题的备选答案中都只有一个是最符合题意的，请将其选出，并在答题卡上将对应题号后的相应字母涂黑。每题 0.5 分，共 20 分。）

1. 住宅装饰装修设计图通常以（　　）幅面为主。

A. A1 　　　　　B. A2 　　　　　C. A3 　　　　　D. A4

2. 室内装饰设计图纸里标注吊顶（顶棚）标高时，可采用（　　）符号来表示。

A. CH 　　　　　B. AR 　　　　　C. PL 　　　　　D. DT

3. 《民用建筑设计通则》GB 50352 规定：除住宅建筑之外的民用建筑高度大于（　　）m 者为超高层建筑。

A. 10 　　　　　B. 24 　　　　　C. 50 　　　　　D. 100

4. 粗实线为宽度为 b，则细实线的宽度一般设置为（　　）b。

A. 0.25 　　　　B. 0.50 　　　　C. 0.75 　　　　D. 0.90

5. 各类设备、家具、灯具的索引符号，通常用（　　）表示。

A. 圆形 　　　　B. 正方形 　　　　C. 正六边形 　　　　D. 菱形

6. 普通建筑和构筑物的设计使用年限是（　　）年。

A. 5 　　　　　B. 25 　　　　　C. 50 　　　　　D. 100

7. 《建筑结构荷载规范》GB 50009 规定，民用建筑楼面均布活荷载的标准值最低为（　　）kN/m^2。

A. 2.0 　　　　B. 2.5 　　　　C. 3.5 　　　　D. 5.0

8. 挡烟垂臂是指用不燃材料制成，从顶棚下垂不小于（　　）mm 的固定或活动的挡烟设施。

A. 100 　　　　B. 200 　　　　C. 300 　　　　D. 500

9. 装饰装修材料按其燃烧性能应划分为（　　）四级。

A. 1，2，3，4 　　B. A，B，C，D 　　C. A，B_1，B_2，B_3 　　D. 甲，乙，丙，丁

10. 在某些医疗空间对灰尘、病菌、微生物的控制和处理，属于建筑装饰构造里的（　　）原则。

A. 功能性 　　　B. 安全性 　　　C. 可行性 　　　D. 经济性

11. 下列经纬仪的型号，属于普通经纬仪的是（　　）。

A. DJ07 　　　　B. DJ1 　　　　C. DJ2 　　　　D. DJ6

12. 建设工程中测量方案应由（　　）批准后实施。

A. 项目经理　　　　　　　　　　　B. 项目技术负责人

C. 项目质量负责人　　　　　　　　D. 项目安全负责人

13. 幕墙测量放线应在风力不大于（　　）级的情况下进行。

A. 3　　　　　　　B. 4　　　　　　　C. 5　　　　　　　D. 6

14. 在放线时，产品化中的模数化是以（　　）为依据。

A. 放线的尺寸　　　　　　　　　　B. 被选材料的规格

C. 图纸设计方案　　　　　　　　　D. 施工的方便性

15. 一把标注为 30m 的钢卷尺，实际是 30.005m，每量一整尺会有 5mm 误差，此误差称为（　　）。

A. 系统误差　　　　B. 偶然误差　　　　C. 中误差　　　　D. 相对误差

16. 装饰放线时，基准点（线）不包括（　　）。

A. 主控线　　　　　B. 轴线　　　　　C. ±0.000 线　　　　D. 吊顶标高线

17. 硅酸盐水泥的终凝时间不应小于（　　）h。

A. 0.5　　　　　　B. 2.0　　　　　　C. 6.5　　　　　　D. 10.0

18. 花岗岩具有放射性，国家标准中规定（　　）可用于装饰装修工程，生产、销售、使用范围不受限制，可在任何场合应用。

A. A 类　　　　　　B. B 类　　　　　　C. C 类　　　　　　D. D 类

19. 在混合砂浆中掺入适当比例的石膏，其目的是（　　）。

A. 提高砂浆强度　　　　　　　　　B. 改善砂浆的和易性

C. 降低成本　　　　　　　　　　　D. 增加黏性

20. 按生产所用材质分，地毯种类不包括（　　）。

A. 纯棉地毯　　　　　　　　　　　B. 合成纤维地毯

C. 混纺地毯　　　　　　　　　　　D. 纯羊毛地毯

21. 顶棚罩面板和墙面使用石膏能起到（　　），可以调节室内空气的相对湿度。

A. 保护作用　　　　B. 呼吸作用　　　　C. 隔热作用　　　　D. 防水作用

22. 陶瓷马赛克的规格按单砖边长不大于（　　）mm，表面积不大于（　　）cm^2。

A. 55；45　　　　B. 95；55　　　　C. 120；95　　　　D. 150；120

23. 下列关于定额的作用说法错误的是（　　）。

A. 作为编制招标工程标底及报价的依据

B. 确定建筑工程造价、编制竣工结算的依据

C. 按劳分配及经济核算的依据

D. 编制质量计划的依据

24. 某种专业的工人班组或个人，在合理的劳动组织与合理使用材料的条件下，完成符合质量要求的单位产品所必需的工作时间，叫作（　　）。

A. 产量定额　　　　B. 消耗定额　　　　C. 劳动定额　　　　D. 时间定额

25. 下列关于概算定额作用的说法正确的是（　　）。

A. 作为建筑工程设计方案进行技术经济比较的依据

B. 作为建筑工程施工图阶段编制设计概算的依据

C. 是编制施工方案中主要材料需要量计划的依据

D. 编制施工预算和施工图预算的依据

26. 工程量清单编制原则归纳为"四统一"，下列错误的提法是（　　）。

A. 项目编码统一 　　　　　　　　　B. 项目名称统一

C. 计价依据统一 　　　　　　　　　D. 工程量清单计算规则统一

27. 下列关于规费的说法正确的是（　　）。

A. 企业为职工缴纳的住房公积金属于社会保障费

B. 企业为职工缴纳的工伤保险属于建筑安全监督管理费

C. 规费是企业政府按有关部门规定缴纳的费用，可自愿缴纳

D. 工程排污费包括废气、废水的排污费等内容

28. 根据建筑安装工程定额编制的原则，按平均先进水平编制的是（　　）。

A. 预算定额 　　　　B. 企业定额 　　　　C. 概算定额 　　　　D. 概算指标

29. 下列不属于工程量差造成原因的是（　　）。

A. 建设单位提出的设计变更 　　　　B. 施工单位提出的设计变更

C. 施工过程中出现的操作失误 　　　D. 施工图预算分项工程量不准确

30. 一个关于工程量清单说法不正确的是（　　）。

A. 工程量清单是招标文件的组成部分 　B. 工程量清单应采用工料单价计价

C. 工程量清单可由招标人编制 　　　　D. 工程量清单是由招标人提供的文件

31. 施工企业行使优先受偿权的期限是（　　）个月。

A. 1 　　　　　　　B. 2 　　　　　　　C. 3 　　　　　　　D. 6

32. 目前，国家统一建设工程质量的验收标准为（　　）。

A. 优良 　　　　　　B. 合格 　　　　　　C. 优秀 　　　　　　D. 优质工程

33. 下列关于建设工程竣工日期的说法正确的是（　　）。

A. 发包方拒绝验收的，该工程没有竣工验收日期

B. 建设工程经竣工验收合格的，以提交验收报告之日为竣工日期

C. 建筑施工企业已经提交竣工验收报告，发包方拖延验收，以实际验收合格之日为竣工日期

D. 建设工程未经竣工验收，发包方擅自使用的，以转移占有之日为竣工日期

34. 工程量清单漏项或由于设计变更引起新的工程量清单项目，其相应综合单价（　　）作为结算的依据。

A. 由监理师提出，经发包人确认后 　　B. 由承包方提出，经发包人确认后

C. 由承包方提出，经监理师确认后 　　D. 由发包人提出，经监理师确认后

35. 下列关于BIM技术的说法正确的是（　　）。

A. 建筑信息模型是指通过数字信息仿真模拟建筑物所具有的真实信息，这些信息的内涵是几何形状描述的视觉信息

B. BIM是基于最先进的二维数字设计解决方案所构建的"可视化"的数字建筑模型

C. BIM的全称是Building Information Modeling，即建筑信息模型

D. BIM的应用需要大量的前期投入，这对于工程来说是得不偿失的

36. 以下哪个选项不属于计算机的基本功能（　　）。

A. 存储功能   B. 运算功能   C. 控制功能   D. 设计功能

37. 公民道德的主要内容不包括（   ）。

A. 社会公德   B. 法律守则   C. 职业道德   D. 家庭美德

38. 学习职业道德的意义之一是（   ）。

A. 有利于自己工作   B. 有利于反对特权

C. 有利于改善与领导的关系   D. 有利于掌握道德特征

39. 下列关于违反《建设工程质量管理条例》之处罚的说法错误的是（   ）。

A. 未组织竣工验收，擅自交付使用的，如工程无质量问题，可免于处罚

B. 建设单位将建设工程肢解发包的，处工程合同价款百分之零点五以上百分之一以下的罚款

C. 建设单位将建设工程发包给不具有相应资质等级的勘察、设计、施工单位的，处50万元以上100万元以下的罚款

D. 迫使承包方以低于成本的价格竞标的，处20万元以上50万元以下的罚款

40. 下列关于证据的说法正确的是（   ）。

A. 证据反驳需要提出新的证据

B. 直接证据的证明力大于间接证据

C. 反证不需提出证据，只需否定对方所提出的事实

D. 传来证据是直接来源于案件事实的证据

二、多项选择题（以下各题的备选答案中都有两个或两个以上是最符合题意的，请将它们选出，并在答题卡上将对应题号后的相应字母涂黑。多选、少选、选错均不得分。每题1分，共20分。）

1. 正投影通常直观性较差，作为补充还有一些三维图作为补充，以下属于三维图形的有（   ）。

A. 剖面图   B. 轴测图   C. 正等测图

D. 节点详图   E. 透视图

2. 在建筑装饰工程图中，（   ）以毫米（mm）为尺寸单位。

A. 平面图   B. 剖面图   C. 总平面图

D. 标高   E. 详图

3. 关于立面索引符号说法正确的有（   ）。

A. 应以引出圈将需被放大的图样范围完整圈出，由引出线连接详图索引符号

B. 图样范围较小的引出圈以圆形细虚线绘制

C. 范围较大的引出圈以有弧角的矩形细虚线绘制

D. 范围较大的引出符号也可以用云线表示

E. 范围较大的引出符号也可以用波浪线线表示

4. 装饰构造选择的原则有（   ）。

A. 防水性   B. 功能性   C. 安全性

D. 可行性   E. 经济性

5. 按荷载作用面分类可分为（   ）。

A. 均布面荷载　　　B. 静态荷载　　　　C. 线荷载

D. 集中荷载　　　E. 水平荷载

6. 钢结构应用的注意点：需采取（　　）措施。

A. 防水　　　　　B. 防失稳　　　　　C. 防脆断

D. 防腐　　　　　E. 防火

7. 在装饰施工中，放线过程中常用的仪器工具有（　　）。

A. 激光投线仪　　B. 卷尺　　　　　　C. 水准仪

D. 卡尺　　　　　E. 经纬仪

8. 木材经过干燥后能够（　　）。

A. 提高木材的抗腐朽能力　　　　　　B. 进行防火处理

C. 提高密度　　　　　　　　　　　　D. 防止翘曲

E. 防止开裂

9. 刨花板是利用木材加工的废料刨花、锯末等为主原料，以及水玻璃或水泥作胶结材料，再掺入适量的化学助剂和水，经搅拌、成型、加压、养护等工艺过程而制得的一种薄型人造板材。刨花板的品种有（　　）等。

A. 纸质刨花板　　B. 甘蔗刨花板　　　C. 亚麻屑刨花板

D. 棉秆刨花板　　E. 竹材刨花板

10. 下列需要使用安全玻璃的有（　　）。

A. 幕墙（全玻幕除外）

B. 面积大于 $1.5m^2$ 的窗玻璃或玻璃底边离最终装修面小于 500mm 的落地窗

C. 家具上与人接触的玻璃

D. 用于承受行人行走的地面板

E. 楼梯、阳台、平台走廊的栏板和中庭内拦板

11. 吊顶龙骨是吊顶装饰的骨架材料，轻金属龙骨是轻钢龙骨和铝合金龙骨的总称。按其作用可分为（　　）。

A. 主龙骨　　　　B. 中龙骨　　　　　C. 小龙骨

D. 上人龙骨　　　E. 不上人龙骨

12. 建筑工程定额就是在正常的施工条件下，为完成单位合格产品所规定的消耗标准。即建筑产品生产中所消耗的人工、材料、机械台班及其资金的数量标准。建筑工程定额具有（　　）。

A. 科学性　　　　B. 指导性　　　　　C. 特殊性

D. 稳定性　　　　E. 时效性

13. 按生产要素分，施工定额的组成部分有（　　）。

A. 劳动定额　　　B. 材料消耗定额　　C. 企业定额

D. 机械台班定额　E. 费用定额

14. 一个单位工程预算造价是否正确，主要取决于（　　）。

A. 工程量　　　　　　　　　　　　　B. 分部分项清单费用

C. 措施项目清单费用　　　　　　　　D. 设计图纸

E. 施工方案

15. 下列施工方可以向建设单位进行索赔的有（   ）。

A. 工程量增中   B. 施工方案不适用

C. 设计变更   D. 建设方未提供图纸

E. 施工方工期延误

16. 施工单位提出工期索赔的目的为（   ）。

A. 实现项目的盈利

B. 免去或推卸工期延长的合同责任，规避工期罚款

C. 因工期延长而造成的费用损失的索赔

D. 延长工期

E. 加速施工，确保工期内完成施工

17. 下列关于合同在建设项目管理过程中的地位和作用的说法正确的有（   ）。

A. 合同是建设项目管理的核心和主线

B. 合同是承发包双方权利和义务的法律基础

C. 合同是处理建设项目实施过程中发生的各种争执和纠纷的重要依据

D. 合同是限制建设项目各参与方对项目提出更高要求的基本标准

E. 合同在建设项目管理过程中具有强大的道德约束力

18. 下列属于影响工期的主要因素有（   ）。

A. 资金因素   B. 社会因素   C. 管理因素

D. 自然环境因素   E. 施工许可证办理因素

19. 下列属于计算机技术在建筑工程项目管理中的应用有（   ）。

A. 实现建筑工程公司范围内的数据共享

B. 保证统计资料的准确性

C. 实现数据通信

D. 增加建筑工程项目投标价格的透明化

E. 提高项目管理人员的精神文明水平

20. 下列属于职业道德建设的必要性和意义有（   ）。

A. 提高职业人员责任心的重要途径   B. 促进企业和谐发展的迫切要求

C. 提高企业竞争力的必要措施   D. 个人健康发展的基本保障

E. 提高社会收入水平的重要手段

三、判断题（判断下列各题对错，并在答题卡上将对应题号后的相应字母涂黑。正确的涂 A，错误的涂 B；每题 0.5 分，共 8 分。）

1. 对于圆弧或角度的尺寸标注，起止符号一般用三角箭头表示。   （   ）

2. 平面图定位轴线的竖向编号应用大写拉丁字母，从下至上顺序编写，其中的 I、Q、J 不得用作轴线编号。   （   ）

3. 剖面图剖切符号的编号数字可以写在剖切位置线的任意一边。   （   ）

4. 防火门的表面加装贴面材料或其他装修时，不得减小门框和门的规格尺寸，不得降低防火门的耐火性能，所用贴面材料的燃烧性能等级不应低于 B_2 级。   （   ）

5. 纪念性建筑和特别重要的建筑设计使用年限为 100 年。   （   ）

6. 抗震设防要做到"小震不坏、中震可修，大震不倒"。（　　）

7. 在开关插座等点位放线定位时，必须考虑实际装饰材料排版模数，以保证装饰效果。（　　）

8. 在每个步骤的放线开始前，都要对放线设备进行校验。（　　）

9. 装修时不能自行改变原来的建筑使用功能。（　　）

10. 麻面砖是选用仿天然岩石色彩的原来进行配料，经压制形成表面凹凸不平的麻点的坯体，然后经一次焙烧而成的炻质面砖。厚型麻面砖用于建筑物的外墙装饰；薄型麻面砖用于广场、停车场、人行道、码头等地面铺设。（　　）

11. 大理石的硬度明显高于天然花岗石。用刀具或玻璃做刻划试验，找出石材的一个较平滑的表面，用刀若能划出明显的划痕则为花岗石，否则为大理石。（　　）

12. 脚手架费属于措施费。（　　）

13. 建设工程工程量清单计价活动应遵守的原则是：工程量清单计价活动应遵守《建设工程工程量清单计价规范》第 1.0.3 条规定。（　　）

14. 建筑面积是指建筑所形成的楼地面面积，不包括墙体。（　　）

15. AutoCAD 可将图形在网络上发布，或是通过网络访问 AutoCAD 资源。（　　）

16. 职业道德就是各项管理制度。（　　）

四、案例题（请将以下各题的正确答案选出，并在答题卡上将对应题号后的相应字母涂黑。每题 1～2 分，共 12 分。）

（一）根据案例背景，回答 1～5 题。

某商场进行内部装修工程。验收过程中发现瓷砖有大量空鼓、脱落现象，经过分析，为玻化砖铺贴过程中，工人操作不当造成，且部分瓷砖质量存在问题。

根据背景资料，回答下列问题。

1. 玻化砖具有密实度好、吸水率低、强度高、耐磨性一般的特点。（　　）（判断题）

2. 生产陶瓷制品的原材料主要有可塑性的原料、瘠性原料和熔剂三大类。（　　）（判断题）

3. 釉面砖粘贴施工不正确的做法是（　　）（单项选择题）

A. 施工时，釉面砖必须清净干净，浸泡不少于 2h，粘结厚度应控制在 20～30mm 之间，不得过厚或过薄

B. 粘贴时要使面砖与底层粘贴密实，可以用木锤轻轻敲击

C. 产生空鼓时，应取下墙面砖，铲去原来的粘结砂浆，采用加占总体积 3% 丹利胶的水泥砂浆修补

D. 外墙大面积镶贴面砖，应考虑设置变形缝，变形缝应切透基层抹灰，并用弹性嵌缝材料填塞严密。防止因温度变化而产生裂缝，使面砖脱落

4. 饰面板（砖）工程中不须进行复验的项目是（　　）进行复验。（单项选择题）

A. 外墙陶瓷面砖的吸水率

B. 室内用大理石的放射性

C. 粘贴用水泥的凝结时间、安定性和抗压强度

D. 寒冷地区外墙陶瓷的抗冻性

5. 饰面板施工过程中，造成陶瓷锦砖饰面不平整，分格缝不匀，砖缝不平直的原因有（　　）。（多项选择题）

A. 粘结层厚度过厚

B. 粘结层过薄且基层表面平整度太差

C. 揭纸后，没有及时进行砖缝检查及拨正

D. 陶瓷锦砖规格尺寸过大

E. 粘结用水泥砂浆配合比不正确

（二）根据案例背景，回答 1～5 题。

某新建住宅楼进行涂饰施工作业，现选用乳液型涂料进行施工作业。装饰施工项目部制定的方案为在混凝土表面抹灰后直接批刮腻子，基层含水率控制在 12% 左右，卫生间选用耐水腻子，厨房、卧室使用普通腻子。经验收发现该涂饰工程表面出现开裂、泛碱等问题，建设方拒绝验收。

根据背景资料，回答下列问题。

1. 卫生间、厨房墙面必须使用耐水腻子。（　　）（判断题）

2. 涂饰工程常见质量问题的有泛碱、流坠、翘边、砂眼等。（　　）（判断题）

3. 下列乳液型内墙涂料施工流程正确的是（　　）。（单项选择题）

A. 基层处理→刮腻子→刷底层涂料→打磨→刷面层涂料→验收

B. 基层处理→打磨→刮腻子→刷底层涂料→刷面层涂料→验收

C. 基层处理→刮腻子→刷底层涂料→刷面层涂料→打磨→验收

D. 基层处理→刮腻子→打磨→刷底层涂料→刷面层涂料→验收

4. 室内涂饰材料每个检验批至少检查（　　），且不得少于（　　）间。（单项选择题）

A. 5%；2　　　　　B. 8%；2　　　　　C. 8%；3　　　　　D. 10%；3

5. 为防止内墙涂料涂层色淡且该处易掉粉末，采取的措施有（　　）。（多项选择题）

A. 施工气温不宜过低，应在 10℃ 以上

B. 基层须干燥，含水率应小于 12%

C. 混凝土龄期应不小于 14d

D. 涂料随时加水，保持配合比稳定

E. 根据基层选择不同的腻子

第二部分　专业管理实务（共 90 分）

一、单项选择题（以下各题的备选答案中都只有一个是最符合题意的，请将其选出，并在答题卡上将对应题号后的相应字母涂黑。每题 1 分，共 30 分。）

1. 石膏板、钙塑板当采用钉固法安装时，螺钉与板边距离不得小于（　　）mm。

A. 8　　　　　　B. 10　　　　　　C. 16　　　　　　D. 18

2. 关于轻钢龙骨石膏板隔墙以下说法错误的是（　　）。

A. 隔墙重量轻　　　　　　　　　　　B. 占地少、隔声效果较好

C. 劳动强度低，随意性强　　　　　　D. 防火性能差

3. 不符合石材干挂安装正确方法的是（　　）。

A. 大于 25mm 厚的石材干挂可以在侧面直接开槽

B. 槽口的后面应留不小于 8mm 宽度，石材的重量靠这 8mm 的宽度同不锈钢挂件的紧密结合把重量传递给基层钢架

C. 下一排石材安装好后，上一排石材安装应支放在下排石材上

D. 石材的干挂每一块板的重量要靠各自的挂件承担，不可将力压向下一排，切不可将传统的砌砖工艺用在石材或玻化砖的干挂上

4. 壁纸裁切错误的做法是（　　）。

A. 通常壁纸纸带的切割长度应为墙面高度加 1～2cm 余量，裁剪时务必注意图案的对花因素

B. 在已剪裁好的纸带背面标出上下和顺序编号

C. 壁纸裁切应选用专用壁纸裁刀，操作时用钢尺压住裁痕，一刀裁下

D. 裁切角度以 45°为最佳，中途刀片不得转动和停顿，以防止壁纸边缘出现毛边飞刺

5. 室内时灰饼的规格一般为（　　）mm 见方。

A. 10　　　　　　　B. 20　　　　　　　C. 30　　　　　　　D. 50

6. 吊顶工程安装工程后置埋件的现场（　　）强度必须符合设计要求。

A. 拉拔　　　　　　B. 拉伸　　　　　　C. 抗压　　　　　　D. 抗剪

7. 有防水要求的建筑地面是否需要设置防水隔离层（　　）。

A. 必须设置防水隔离层

B. 关键是要排水坡度满足要求，不一定设置防水隔离层

C. 基层有防水混凝土就行

D. 按设计要求

8. 室内涂饰工程相同材料每（　　）间划分为一个检验批。

A. 10　　　　　　　B. 20　　　　　　　C. 30　　　　　　　D. 50

9. 导梁施工中，钢筋保护层一般为（　　），混凝土强度等级为（　　）。

A. 25～30mm，C15　　　　　　　　　B. 25～35mm，C15

C. 25～30mm，C20　　　　　　　　　D. 25～35mm，C20

10. 整体面层施工后，养护时间不应小于（　　）d；抗压强度应达到（　　）MPa 后，方准上人行走。

A. 洁净、干燥、含水率小于 8%　　　　B. 洁净、干燥、含水率小于 12%

C. 洁净、干燥、含水率小于 15%　　　　D. 洁净、干燥、含水率小于 18%

11. 窗帘盒按照构造分为（　　）。

A. 明装窗帘盒、暗装窗帘盒　　　　　　B. 明装窗帘盒、暗装窗帘盒和落地窗帘盒

C. 木材窗帘盒、金属窗帘盒　　　　　　D. 明装窗帘盒、挂装窗帘盒

12. 强化复合地板施工工艺流程包括（　　）。

A. 基层清理→铺衬垫→测量、弹线→试铺→铺地板面层→安装踢脚线→验收

B. 基层清理→测量、弹线→铺衬垫→试铺→安装踢脚线→铺地板面层→验收

C. 基层清理→测量、弹线→铺衬垫→试铺→铺地板面层→安装踢脚线→验收

D. 基层清理→测量、弹线→试铺→铺衬垫→铺地板面层→安装踢脚线→验收

13. 全玻式中玻璃栏板的作用是（　　）。

A. 既是围护构件，又是受力构件 　　　　B. 仅是围护构件

C. 装饰作用 　　　　　　　　　　　　　D. 构造作用

14. 房屋建筑的造型饰面包括（　　）两部分。

A. 设计和施工 　　B. 设计和造型 　　C. 设计和饰面 　　D. 造型和饰面

15. 防水工程按设防材料的性能可分为刚性防水和（　　）。

A. 塑性防水 　　　B. 柔性防水 　　　C. 弹性防水 　　　D. 碱性防水

16. 当卫生间淋浴房花洒所在及其邻近墙面防水层高度应不低于（　　）m。

A. 1.0 　　　　　　B. 1.2 　　　　　　C. 1.5 　　　　　　D. 1.8

17. 不可以用在多孔砖墙上固定门套的方法是（　　）。

A. 射钉 　　　　　　B. 木螺丝 　　　　C. 膨胀螺栓 　　　D. 木楔

18. 防火门应比安装洞口尺寸小（　　）mm 左右，门框应与墙身连接牢固，空隙用耐热材料填实。

A. 10 　　　　　　　B. 15 　　　　　　C. 20 　　　　　　D. 13

19. 排水塑料管必须按设计要求及位置装设伸缩节。如设计无要求时，伸缩节间距不得大于（　　）m。

A. 1 　　　　　　　B. 2 　　　　　　　C. 3 　　　　　　　D. 4

20. 锚筋中心至锚板边缘距离不应小于（　　）d，且不小于（　　）mm。

A. 2，20 　　　　　B. 3，30 　　　　　C. 2，30 　　　　　D. 3，20

21. 下列软装配饰中属于功能性陈设的是（　　）。

A. 花艺 　　　　　　B. 工艺品 　　　　C. 饰品 　　　　　D. 灯具

22. 排烟系统的风管板材厚度若设计无要求时，可按（　　）系统风管板厚选择。

A. 常压 　　　　　　B. 低压 　　　　　C. 中压 　　　　　D. 高压

23. 下列成品保护措施属于"护、包、盖、封"中"护"的是（　　）。

A. 为防止清水墙面污染及损伤，在相应部位提前钉上塑料布或纸板

B. 铝合金门窗应用塑料布包扎

C. 落水口、排水管安好后应加覆盖，以防堵塞

D. 屋面防水完成后，应封闭上人屋面的楼梯门或出入口

24. 不属于影响项目质量因素中人的因素是（　　）。

A. 建设单位 　　　　　　　　　　　　　B. 政府主管及工程质量监督

C. 材料价格 　　　　　　　　　　　　　D. 供货单位

25. 质量验收的最小单元是（　　）。

A. 分项工程 　　　　　　　　　　　　　B. 检验批和分项工程

C. 检验批 　　　　　　　　　　　　　　D. 分部工程

26. 施工项目进度控制的措施中，建立进度控制检查制度和调整制度属于（　　）。

A. 技术措施 　　　B. 组织措施 　　　C. 经济措施 　　　D. 合同措施

27. 施工项目成本控制工作从施工项目（　　）开始直到竣工验收，贯穿于全过程。

A. 设计阶段 　　　B. 投标阶段 　　　C. 施工准备阶段 　　D. 正式开工

28. 安全生产管理体系应贯彻"安全第一、预防为主、（　　）"的方针。

A. 共同治理　　　　B. 综合治理　　　　C. 协助治理　　　　D. 后期治理

29. 手持电动工具作业时间过长，机具温升超过（　　）℃时，应停机。

A. 30　　　　　　　B. 40　　　　　　　C. 50　　　　　　　D. 60

30. 横道图表的水平方向表示工程施工的（　　）。

A. 持续时间　　　　B. 施工过程　　　　C. 流水节拍　　　　D. 间歇时间

二、多项选择题（以下各题的备选答案中都有两个或两个以上是最符合题意的，请将它们选出，并在答题卡上将对应题号后的相应字母涂黑。多选、少选、选错均不得分。每题 1.5 分，共 30 分。）

1. 大面积石膏板吊顶应采取（　　）措施防止开裂。

A. 石膏板沿四周墙壁开设凹槽　　　　B. 在石膏板吊顶上做纵、横开缝处理

C. 做好石膏板之间的接缝处理　　　　D. 缩小自攻螺钉钉距，加强固定措施

E. 双层石膏板上下通缝

2. 轻质隔墙的类型有（　　）。

A. 骨架隔墙　　　　B. 钢筋混凝土隔墙　　C. 板材隔墙

D. 玻璃隔墙　　　　E. 砌块隔墙

3. 成品木制品的优势有（　　）。

A. 装修质量大幅提高　　　　　　　B. 施工周期大大缩短

C. 实现了环保要求　　　　　　　　D. 容易控制成本

E. 不受环境温湿度影响

4. 下列关于抹灰工程的说法正确的有（　　）。

A. 抹灰具有保护墙体不受风、雨、雪侵蚀的作用

B. 抹灰按施工工艺可以分为一般抹灰、高级抹灰、装饰抹灰

C. 抹灰具有改善室内卫生条件，净化空气，美化环境，提高居住舒适度的作用

D. 抹灰可增加墙面防潮、防风化、隔热的能力

E. 抹灰可以提高墙身耐久性能、热工性能

5. 符合冬季注胶作业环境条件的是（　　）。

A. 冬季注胶作业环境温度应控制在 5℃以上

B. 冬季注胶作业环境温度应控制在 10℃以上

C. 结构胶粘结施工时，环境温度不宜低于 10℃

D. 结构胶粘结施工时，环境温度不宜低于 20℃

E. 上一个工地用过的同一品牌的胶，在这个工地上使用可不做试验

6. 软硬包饰面基层墙面应符合以下条件（　　）。

A. 房间里的吊顶分项工程已完成 50%

B. 混凝土和墙面抹灰已完成，基层按设计要求木砖或木筋已埋设，水泥砂浆找平层已抹完灰并刷冷底油，且经过干燥，含水率不大于 8%

C. 木材制品的含水率不得大于 12%

D. 水电及设备，顶墙上预留预埋件已完成

E. 房间里的木护墙和细木装修底板已基本完成，并符合设计要求

7. 涂料按特殊功能分有（　　）等。

A. 防水涂料　　　　　B. 防霉涂料　　　　C. 防火涂料

D. 防腐涂料　　　　　E. 聚氨酯涂料

8. 按照楼地面工程分类整体面层包括（　　）。

A. 水泥混凝土面层　　　　　　　　B. 水磨石面层

C. 大理石面层　　　　　　　　　　D. 花岗石面层

E. 涂料面层

9. 对混凝土找平层的主要材料要求（　　）。

A. 选用强度等级不低于 32.5 普通硅酸盐水泥或矿渣硅酸盐水泥

B. 石子粒径不大于找平层厚度的 2/3，含泥量不大于 2%

C. 宜用中粗砂，含泥量不大于 3%

D. 有机杂质含量不大于 0.5%

E. 为节约用水，可使用回收利用的中水

10. 下列室内楼地面聚合物水泥防水涂膜防水施工操作工艺正确的有（　　）。

A. 卫生间的防水基层必须用 1∶2.5 的水泥砂浆找平

B. 聚合物水泥防水涂膜应一次涂刷完成，涂刷遍数越多，越容易分层

C. 找平层的坡度以 1%～2% 为宜

D. 阴、阳角要抹成小圆弧

E. 聚合物水泥防水涂料中 Ⅰ 型通常用于非长期浸水环境，Ⅱ 型用于长期浸水环境

11. 为避免基层变形导致涂膜防水层开裂，涂膜层应加铺胎体增强材料，如（　　）等。

A. 玻纤网格布　　　　　　　　　　B. 油毛毡

C. 聚酯无纺布　　　　　　　　　　D. 合成高分子卷材

E. 聚合物高分子卷材

12. 建筑安装工程中可以由装饰分包商完成的部分有（　　）。

A. 排水干管的安装　　　　　　　　B. 电缆桥架的制作与安装

C. 开关面板的末端定位　　　　　　D. 给排水末端用水器的位置预留

E. 电管内的敷线

13. 门套基层制作需满足的基本要求是（　　）等。

A. 垂直度　　　　　B. 方正度　　　　C. 牢固度

D. 平整度　　　　　E. 安装作业时的环境温度 5℃ 以上

14. 下列关于风管系统安装的技术要求说法正确的有（　　）。

A. 风管系统安装完毕，应按系统类别进行严密性试验

B. 输送气体温度高于 80℃ 的风管，应按设计规定采取防护措施

C. 风管穿过需要封闭的防火墙体或楼板时，预埋管或防护套管的钢板厚度不小于 1.6mm

D. 室外立管的固定拉索严禁拉在避雷针或避雷网上

E. 风管内可以其他管线穿越

15. 施工阶段项目管理的任务，就是通过施工生产要素的优化配置和动态管理，以实

现施工项目的（　　）管理目标。

A. 质量　　　　　　B. 成本　　　　　　C. 进度

D. 安全　　　　　　E. 环境

16. 工程质量事故按事故造成的损失程度可以分为（　　）。

A. 一般事故　　　　B. 严重事故　　　　C. 较大事故

D. 重大事故　　　　E. 特大事故

17. 施工员配合项目经理编制的施工组织设计包括（　　）。

A. 安全　　　　　　B. 进度　　　　　　C. 成本

D. 技术　　　　　　E. 施工方案

18. 下列属于进度纠偏的管理措施的是（　　）。

A. 调整项目管理班子成员　　　　　B. 调整进度管理的方法和手段

C. 强化合同管理　　　　　　　　　D. 改变施工方法

E. 调整项目管理组织结构

19. 施工成本分析的基本方法包括（　　）等。

A. 比较法　　　　　B. 因素分析法　　　C. 判断法

D. 偏差分析法　　　E. 比率法

20. 一般工程施工阶段的安全技术措施包括（　　）。

A. 安全技术应与施工生产技术统一，各项安全技术措施必须在相应的工序施工前落实好

B. 安全技术措施中应注明设计依据，并附有计算、详图和文字说明

C. 操作者严格遵守相应的操作规程，实行标准化作业

D. 针对采用的新工艺、新技术、新设备、新结构制定专门的施工安全技术措施

E. 在明火作业现场有防火防爆措施

三、判断题（判断下列各题对错，并在答题卡上将对应题号后的相应字母涂黑。正确的涂 A，错误的涂 B；每题 0.5 分，共 10 分。）

1. 吊杆距主龙骨端部距离不大于 350mm，否则应增设吊杆。　　　　　　（　　）

2. 木龙骨隔墙安装罩面板时，沿石膏板应采用自攻螺钉固定。周边螺钉的间距不应大于 200mm，中间部分螺钉的间距不应大于 300mm，螺钉与板边缘的距离应为 10～16mm。　　　　　　　　　　　　　　　　　　　　　　　　　　　（　　）

3. 机械喷涂主要施工工艺流程：施工准备→检查喷涂机械→按确定的喷涂顺序喷涂→验收。

4. 室内防水卷材使用宜采用冷粘法施工，胶粘剂应与卷材相容，并应与基层粘结可靠。　　　　　　　　　　　　　　　　　　　　　　　　　　　　　　　　　（　　）

5. 涂饰工程室内各分项工程检验批划分和检查数量按下列确定：同类涂料涂饰墙面每 50 间（大面积房间和走廊按涂饰面积 $30m^2$ 为一间）划分为一个检验批，不足 50 间也划分为一个检验批；每个检验批应至少抽查 10%，并不得少于 3 间，不足 3 间时应全数检查。　　　　　　　　　　　　　　　　　　　　　　　　　　　　　　　（　　）

6. 门安装前检查门洞尺寸主要有：洞口高度、宽度、墙体厚度、洞口和墙体垂直度

等。（　　）

7. 长条木地板铺贴排版原则之一，是"走道顺行、房间顺光"。（　　）

8. 灯具重量大于 3kg 时，应固定在螺栓或预埋吊钩上。（　　）

9. 墙面防水施工时，应先涂刷平面，再涂刷立面。（　　）

10. 木花格的木材含水率应控制在 12%～18% 之间。（　　）

11. 国家标准《建筑幕墙》GB/T 21086—2007 对建筑幕墙的分类，建筑幕墙可分为构件式幕墙、全玻璃幕墙、点支撑幕墙、双层幕墙、屋面等。（　　）

12. 铝合金门窗安装采用钢副框时，应采取绝缘措施。（　　）

13. 项目管理是为使项目取得成功所进行的针对施工成本和主要施工部位的规划、组织、控制与协调。（　　）

14. 组织结构模式和组织分工都是一种相对动态的组织关系。而工作流程组织则可反映一个组织系统中各项工作之间的逻辑关系，是一种静态关系。（　　）

15. 在进度控制措施中，确定资金供应条件是属于经济措施。（　　）

16. 给水水平管道应有 5‰～8‰ 的坡度坡向泄水装置。（　　）

17. 某工程建设项目由于分包单位购买的工程材料不合格，导致其中某部分工程质量不合格。在该事件中，施工质量监控主体是施工总承包单位。（　　）

18. 施工预算就是施工图预算。（　　）

19. 一个项目是指一个整体管理对象，在按其需要配置生产要素时，必须以总体效益的提高为标准。虽然内外环境是不断变化的，但是管理和生产要素的配置是不变的。

（　　）

20. 凡高度在 4m 以上建筑物施工的必须支搭安全水平网，网底距地不小于 3m。

（　　）

四、案例题（请将以下各题的正确答案选出，并在答题卡上将对应题号后的相应字母涂黑。3 大题，每大题 6 小问，共 15 小题，每问 1～2 分，共 20 分。）

（一）根据案例背景，回答 1～6 题。

某礼堂在图纸上位于 H～K 轴及 6～9 轴之间。该礼堂在地面找平层施工前进行基层检查，发现混凝土表面有 0.2mm 左右的裂缝。经分析研究后认为该裂缝不影响结构的安全和使用功能。地面找平层施工工艺步骤如下：材料准备→基层清理→测量与标高控制→铺找平层→刷素水泥浆结合层→养护→验收。

根据背景资料，回答下列 1～6 问题。

1. 地面找平层有水泥砂浆找平层、混凝土找平层等。当找平层厚度不大于 30mm 时，宜采用水泥砂浆做找平层。（　　）（判断题）

2. 当地面混凝土结构出现宽度不大于 0.2mm 的裂缝，如分析研究后不影响结构的安全和使用功能，可采用表面密封法进行处理。（　　）（判断题）

3. 该礼堂在找平层验收过程中应当以（　　）间划分检验批。（单项选择题）

A. 1　　　　　　　B. 4　　　　　　　C. 6　　　　　　　D. 9

4. 根据背景资料，铺设地面找平层施工步骤错误的是（　　）。（单项选择题）

A. 材料准备→基层清理　　　　　　　B. 基层清理→测量与标高控制

C. 铺找平层→刷素水泥浆结合层　　　D. 养护→验收

5. 上述混凝土表面出现的裂缝，应进行的处理方式是（　　　）。（单项选择题）

A. 返修处理　　　B. 返工处理　　　C. 加固处理　　　　D. 不作处理

6. 施工图纸中的定位轴线，不宜出现的字母有（　　　）。（多项选择题）

A. D　　　　　　B. E　　　　　　C. O

D. I　　　　　　E. Z

（二）根据案例背景，回答1～6题。

某项目施工需进行木门的安装施工。其中，普通木门200樘，甲级防火门20樘、乙级防火门100樘，丙级防火门80樘。监理单位按规范要求对该批门进行了检验批划分。

根据背景资料，回答下列1～6问题。

1. 木制有框防火门安装时，防火门应比安装洞口尺寸小20mm左右。（　　　）（判断题）

2. 门窗工程预埋件、锚固件应进行隐蔽工程验收后方可进行下一步工序。（　　　）（判断题）

3. 甲级防火门的耐火极限为（　　　）h。（单项选择题）

A. 1.5　　　　　B. 1.2　　　　　C. 0.9　　　　　D. 0.6

4. 该项目防火门应划分为（　　　）个检验批。（单项选择题）

A. 1　　　　　　B. 3　　　　　　C. 5　　　　　　D. 10

5. 防火门所使用的难燃木材的含水率不应大于（　　　）%。（单项选择题）

A. 8　　　　　　B. 10　　　　　　C. 12　　　　　　D. 15

6. 木门窗的"三防处理"包括（　　　）。（多项选择题）

A. 防火　　　　　B. 防开裂　　　　　C. 防潮

D. 防腐　　　　　E. 防虫

（三）根据案例背景，回答1～6题。

某工程进行内墙抹灰施工，项目部编制了技术方案，并进行了现场检查。检查时发现混凝土墙面表面有轻微麻面，施工人员进行了基层表面的处理，同时针对混凝土与轻质墙体交接处也进行了相应处理。抹灰完成后，项目部按要求进行了相应的成品保护措施。

根据背景资料，回答下列1～6问题。

1. 混凝土表面的轻微麻面属于后道工序可以弥补的质量缺陷，出现该类质量缺陷一般不作处理，而由后道工序弥补。（　　　）（判断题）

2. 抹灰施工时，一次抹灰太厚容易引起空鼓或裂缝。（　　　）（判断题）

3. 抹灰时，混凝土表面的轻微麻面的处理步骤错误的是（　　　）。（单项选择题）

A. 麻面处剔到实处

B. 刷一道内掺水量10%的108胶的素水泥浆

C. 修补时选用1∶1水泥砂浆

D. 水泥砂浆分层抹平

4. 抹灰总厚度达到（　　　）mm时，应采取加强措施。（单项选择题）

A. 10　　　　　　B. 15　　　　　　C. 20　　　　　　D. 35

5. 混凝土与轻质砌块体交接处加钉加强网，加强网与各基体的搭接宽度不应小于

（　　）mm。（单项选择题）

    A. 30　　　　　　　　B. 50　　　　　　　　C. 80　　　　　　　　D. 100

6. 下列关于抹灰工程成品保护的说法，正确的有（　　）。（多项选择题）

    A. 室内墙、柱面的阳角应做暗护角　　　B. 暗护角的高度不应低于 1.5m

    C. 暗护角每侧宽度不应小于 50mm　　　D. 抹灰工程的养护与成品保护是一回事

    E. 暗护角应用 1：2 水泥砂浆制作

参 考 答 案

第一部分

一、单项选择题

1. C；2. A；3. D；4. A；5. C；

6. C；7. A；8. C；9. C；10. A；

11. D；12. B；13. B；14. B；15. A；

16. D；17. C；18. A；19. B；20. A；

21. B；22. B；23. D；24. D；25. A；

26. C；27. D；28. B；29. C；30. B；

31. D；32. B；33. D；34. B；35. C；

36. D；37. B；38. D；39. A；40. B

二、多项选择题

1. BCE；2. ABE；3. ABCD；4. BCDE；5. ACD；

6. BCDE；7. ABCE；8. ABDE；9. BCDE；10. ABDE；

11. ABC；12. ABDE；13. ABD；14. ABC；15. ACD；

16. BC；17. ABC；18. ABCD；19. ABC；20. ABCD

三、判断题（A 表示正确，B 表示错误）

1. A；2. B；3. B；4. B；5. A；

6. A；7. A；8. A；9. A；10. B；

11. B；12. A；13. B；14. B；15. A；16. B

四、案例题

（一）

1. B；2. A；3. A；4. B；5. ABC

（二）

1. A；2. A；3. D；4. D；5. AE

第二部分

一、单项选择题

1. C；2. D；3. C；4. A；5. D；
6. A；7. A；8. D；9. C；10. A；
11. A；12. C；13. A；14. D；15. B；
16. D；17. A；18. C；19. D；20. A；
21. D；22. D；23. B；24. C；25. C；
26. B；27. B；28. B；29. D；30. A

二、多项选择题

1. ABCD；2. ACD；3. ABCD；4. ACDE；5. AC；
6. BCDE；7. ABCD；8. ABE；9. ABCD；10. ABCE；
11. AC；12. CD；13. ABCD；14. ABCD；15. ABCD；
16. ACDE；17. ABDE；18. BC；19. ABE；20. BCDE

三、判断题（A 表示正确，B 表示错误）

1. B；2. A；3. A；4. A；5. A；
6. A；7. A；8. A；9. B；10. B；
11. A；12. A；13. B；14. B；15. B；
16. B；17. B；18. B；19. B；20. A

四、案例题

（一）
1. A；2. A；3. C；4. C；5. A；6. CDE
（二）
1. A；2. A；3. A；4. C；5. A；6. ADE
（三）
1. A；2. A；3. C；4. D；5. D；6. ACE